ISBN 978-3-642-48536-7   ISBN 978-3-642-48603-6 (eBook)
DOI 10.1007/978-3-642-48603-6

Zur Beachtung!

Nichtrostende Stähle (Rostfreie Stähle). zeichnen sich, wie schon der Name sagt, dadurch aus, daß sie unter den üblichen atmosphärischen Bedingungen nicht rosten, sondern blank bleiben. Zwei Gruppen: die Chrom-Stähle (s. d.) und die Chrom-Nickel-Stähle (s. d.). Die ersteren sind in England *(Brearley, Hadfield)* entwickelt worden, während die letzteren ihre Hauptförderung der Fried. Krupp A.-G. *(Maurer, Strauß)* verdanken. Beide Stahlsorten sind nicht nur gegen atmosphärische Einflüsse beständig, sondern widerstehen auch vielen chemischen Agenzien. Die rostfreien Chrom-Nickel-Stähle, die vorwiegend 18 Proz. Chrom und 8 Proz. Nickel enthalten, sind den üblichen Chromstählen (in England auch stainless steels) mit über 10 Proz. Chrom in bezug auf Widerstandsfähigkeit überlegen und haben demgemäß ein größeres Anwendungsgebiet in der chemischen Industrie. Bei beiden Stahlarten kommt es, wenn höchstmögliche Beständigkeit erzielt werden soll, nicht nur auf die richtige chemische Zusammensetzung, sondern auch auf die sachgemäße Wärmebehandlung an. Über Einzelheiten s. Chrom-Stähle und Chrom-Nickel-Stähle.

Lit.: *J. H. G. Monypenny* u. *R. Schäfer*, Rostfreie Stähle (Berlin 1928, Julius Springer). — *E. Rabald*, Werkstoffe und Korrosion I (Berlin 1931, Julius Springer). — *O. Bauer, O. Kröhnke* u. *G. Masing*, Die Korrosion des Eisens und seiner Legierungen (Leipzig 1936, Hirzel).   Ra.

Nickel. Über die Handelssorten und ihre Zusammensetzung gibt das nachfolgende Normblatt Auskunft:

Rohnickel   DIN 1701, Juli 1925.

Benennung	Kurz-wort	Mind. Reingehalt Ni [1]	Zusammensetzung in Proz.								Spez. Gewicht	Verwendung für
			Zulässige. Beimengungen									
			Cu	Fe	Si	As	S	C	P	Mn + Sn + Sb		
Würfelnickel	Wüni										8,4	Schmiedestücke, Bleche, Drähte, Stangen, Rohre.
Rondellennickel	Roni										8,4	Ventilsitzringe, Guß- und Walzanoden, sämtliche Legierungszwecke.
Plattennickel	Plani	98,5	0,15	0,50	0,20	0,03	0,03	0,03	Spur	Spur	8,6	Gleiche Zwecke wie Wüni und Roni, ausgenommen Verschmelzen und Legieren im Tiegel.
Granaliennickel	Grani										8,4	Die gleichen Zwecke wie Wüni und Roni.
Kathodennickel (Elektrolytnickel)	Kani	99,5	0,10	0,30	Spur	Spur	Spur	Spur	Spur	Spur	8,9	Die gleichen Zwecke wie Wüni und Roni.
Umgeschmolzenes Nickel (in Granalienform)	Uni	96,75	0,20	1,00	0,50	0,03	0,10	1,00	Spur	Mn 0,20	8,6	Alle Legierzwecke, falls besonderer Reingehalt nicht verlangt wird.

(Die Zeilen Würfelnickel bis Granaliennickel sind unter **Hüttennickel** zusammengefaßt.)

[1]) Einschließlich Co.

Die verschiedene Benennung und Verwendung der vier Hüttennickelarten beruht auf verschiedenen physikalischen Eigenheiten, die durch die Gewinnungsarten der Hütten bedingt sind.

Geringe Mengen Eisen, Mangan, Kobalt und Kupfer haben nur einen unbedeutenden Einfluß auf die Eigenschaften des Nickels, dagegen wirken sich Kohlenstoff und noch vielmehr Sauerstoff und Schwefel bei der Verarbeitung recht ungünstig aus. So macht ein größerer Gehalt an Nickelsulfid das Schmieden des Nickels unmöglich. Durch Zusatz von Mangan und Magnesium können diese störenden Einflüsse aufgehoben werden.

Physikalische Eigenschaften.

Dichte: 8,90 (gegossen), 8,84 (Draht); s. auch das obige Normblatt.
Schmelzpunkt: 1452°. Durch Beimengungen, wie Nickeloxyd oder Kohlenstoff, sinkt der Schmelzpunkt merklich.
Wärmeleitfähigkeit: 0,142 cal/cm · sek · Grad bei 18°.
Linearer Wärmeausdehnungskoeffizient: 0,0000132 bei 20—100°.
Elektrische Leitfähigkeit: 8,5 m/Ohm · mm² bei 18°, Temperaturkoeffizient der elektrischen Leitfähigkeit 0,0063.
Zugfestigkeit: 40—50 kg/mm² (Draht) bei 40—50 Proz. Dehnung; hart gewalzt 70—80 kg/mm² bei 2 Proz. Dehnung.
Warmfestigkeit: Siehe Abb. 1520.
Härte:

Vorbehandlung	Brinellhärte bei einer Belastung von	
	500 kg	3000 kg
Kalt gewalzt (von 12,7 mm auf 3,3 mm)	—	235
Bei 250° geglüht	—	262
„ 450° „	—	248
„ 650° „	136	166

Bearbeitbarkeit: Über den Einfluß des Schwefels s. oben. — Die Walzbarkeit des Nickels ist gut. Für das Heißwalzen hat sich eine Temperatur von 1100—1200° (Vorsicht vor schwefelhaltigen Flammen!) am besten gezeigt. Beim Kaltwalzen und anderer Kaltverformung sind Zwischenglühungen bei 700 bis 900° unter Luftabschluß erforderlich, da starke Kaltverfestigung eintritt. —

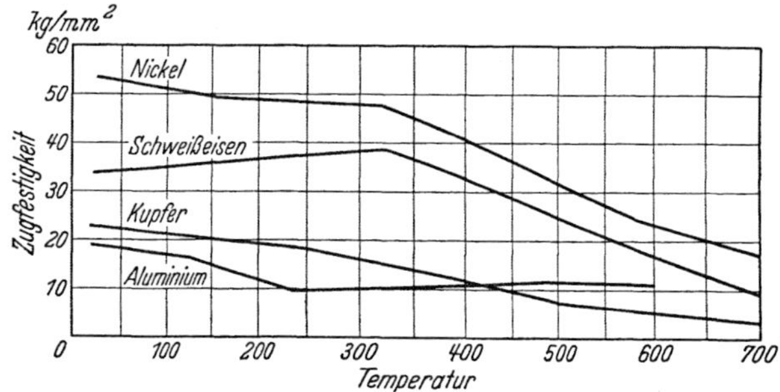

Abb. 1520. Warmfestigkeit verschiedener Metalle.

Nickel läßt sich ferner zu Draht und nahtlosen Rohren ausziehen. Es kann gestanzt und mit spanabhebenden Werkzeugen bearbeitet werden. — Für Formgüsse ist Nickel nicht geeignet, wenn auch durch einen Gehalt an Kohlenstoff die Gießbarkeit verbessert wird. — In schweißtechnischer Beziehung (s. dazu auch *H. Horn* u. *W. Geldbach*, Schmelzschweißg. 1932, S. 5, 40) ähnelt das Nickel dem Eisen, stellt aber an die Geschicklichkeit des Schweißers etwas höhere Anforderungen. Es läßt sich autogen und elektrisch schweißen. Korrosionschemisch ist die Hammerschweißung die günstigste, da sie ohne Zusatzmittel durchgeführt wird. Abhämmern der durch Gasschmelz- und Lichtbogenschweißung hergestellten Nähte ist von Vorteil, sowohl in bezug auf mechanische als auch auf chemische Festigkeit. Die Lichtbogenschweißung (bei Gleichstrom Arbeitsstück mit dem negativen Pol verbinden) eignet sich besonders für dicke (über 3 mm) Bleche. Verwendung geeigneter Schweißpulver schützt vor unerwünschter Oxydation. Bei der Acetylen-Sauerstoff-Schweißung ist auf neutrale Flamme zu achten. Stark korrodiertes Nickel läßt sich häufig nicht mehr schweißen. — Das Löten von Nickel ergibt mechanisch feste Verbindungen, während die Korrosionsbeständigkeit der Lötstelle meist zu wünschen übrigläßt. Zum Löten können die üblichen Hart- und Weichlote (s. Lote) Verwendung finden. Vorverzinnen ist angebracht. — Zum Beizen von Nickel empfiehlt es sich, 60proz. Schwefelsäure anzuwenden (gegebenenfalls mit Zusätzen von Ferrisulfat oder Chromsäure).

Für etwaige Anfragen über Verwendung und Verarbeitung von Nickel und Nickellegierungen wird auf das Nickel-Informationsbüro (Frankfurt a. M.) verwiesen.

Korrosion.

Nickel ist ein chemisch widerstandsfähiges Metall. Viele Agenzien greifen es nur sehr langsam oder gar nicht an. Da es ziemlich rein in den Handel kommt, ist Handelsnickel fast ebenso beständig wie chemisch reines Nickel. Oxydierenden Mitteln gegenüber ist Nickel meist empfindlich. Beim Angriff durch nichtoxydierende Säuren ist der etwa anwesende Sauerstoff von ausschlaggebender Bedeutung.

Acetylen: Wirkt bei 200—600° auf Nickel ein. Dieses wird durch Aufnahme von Kohlenstoff aus zersetztem Acetylen brüchig.

Ammoniak: Von 0,2 normalen Ammoniaklösungen wird Nickel auch nach 28 Tagen nicht angegriffen. Ist Sauerstoff zugegen, so wird die Neigung zu Korrosionen erhöht. Ammoniakgas bewirkt bei hohen Temperaturen die Bildung von Nitrid.

Atmosphäre: Gegen atmosphärische Korrosion ist Nickel sehr widerstandsfähig. Ist Gelegenheit zum Niederschlagen von Feuchtigkeit gegeben (Temperaturen unterhalb des Taupunktes), so überzieht sich Nickel langsam mit einer festhaftenden Schicht. Vgl. auch unten bei Sauerstoff.

Chlor: Trockenes Chlor wirkt nur wenig auf Nickel ein.

Chromsäure + Schwefelsäure: Nickel wird angegriffen.

Dichloräthylen: Nickel ist auch in der Siedehitze beständig.

Eisensalzlösungen: Eisenchloridlösungen greifen Nickel an. Lösungen, die Eisenalaun und Schwefelsäure enthalten, lösen ebenfalls.

Essigsäure: *Vuk* ließ 700 cm³ 5proz. Essigsäure bei 100° während $2^1/_2$ std auf eine Nickeloberfläche von 16800 mm² einwirken und erhielt folgende Werte:

Nickelsorte	Angriff in g/m² · Tag
Gewalztes Nickel	15,5—16,9
Gegossenes Nickel	25,5—28,8
Elektrolytnickel	30,6—30,8
Gezogenes Nickel	33,1—39,0
Berndorfer Reinnickel . .	61,4—65,4

Durch Anwesenheit von Sauerstoff wird der Angriff außerordentlich verstärkt. So konnten *Whitman* und *Russel* nachweisen, daß bei konzentrierter Essigsäure beim Durchperlen von Sauerstoff der Angriff 130mal so groß war wie beim Durchperlen von Wasserstoff.

Kaliumhydroxyd: Kaliumhydroxydlösungen und geschmolzenes Ätzkali greifen Nickel fast gar nicht an. Nickel bzw. nickelplattierter Stahl gehören zu den besten Werkstoffen für die Handhabung von starken Alkalien.

Kaliumsalze: Man verwendet Nickel beim Schmelzen von Pottasche und Salpeter, um für die Glasindustrie eisenfreie Salze zu erhalten.

Kohlenoxyd: Bei niederen Temperaturen (40—50°) und hohen Kohlenoxyddrücken bildet sich bekanntlich Nickelcarbonyl. Dieses wird aber bei 350° völlig zersetzt unter Ausscheidung von Nickel. So ist es zu erklären, daß *Charpy* bei 1000° fast keinen Angriff von Kohlenoxyd auf Nickel feststellen konnte.

Natriumhydroxyd: Verhalten wie bei Kaliumhydroxyd.

Natriumsalze: Schmelzkessel aus Nickel für Sulfat, Nitrat und Carbonat werden in der Glasindustrie verwendet, wenn es darauf ankommt, eisenfreie Produkte zu erhalten. Saures Natriumphosphat greift geschmolzenes Nickel an; es bildet sich ein Gemisch aus den Pyrophosphaten von Natrium und Nickel. $^1/_5$ normale Lösungen von Natriumchlorid und Natriumcarbonat haben in 28 Tagen keinerlei Wirkung auf Nickel. Gegen neutrale Natriumhydrosulfitlösungen ist Nickel ebenfalls beständig.

Pharmazeutische Produkte: Von *Wester* stammt folgende Tabelle der Verluste für Reinnickelplättchen mit 70 cm² Oberfläche bei vierstündigem Kochen:

Angriff in g/m² · Tag

Probe	Cascararinde 10 Proz.	Aloe	Pulpa tamarindorum Cruda	Fructus Myrtilli
I	5,74	7,20	0,86	2,91
II	6,86	11,66	1,20	2,83

Phenol: Nickel ist recht beständig. Nickelkessel finden mit Vorteil Verwendung bei der Kondensation von Phenolen mit Formaldehyd (s. Nickel-Ber. 1934, S. 117).

Salpetersäure: Nickel wird stark angegriffen.

Salzsäure: Greift namentlich in Gegenwart von Sauerstoff stark an.

Sauerstoff: Gegen Oxydationen, auch bei höheren Temperaturen, ist Nickel ziemlich beständig. *Chevenard* findet bei vierstündigem Erhitzen auf 1000° eine Gewichtszunahme von 30 g/m². Trägt man die Gewichtszunahmen bei hohen Temperaturen in Abhängigkeit von der Zeit graphisch auf, so erhält man fast eine parabolische Kurve. *Tammann* und *Schröder* studierten die Geschwindigkeit der Sauerstoffaufnahme an Hand der Anlauffarben und fanden, daß innerhalb ziemlich weiter Grenzen die Anlaufgeschwindigkeit von dem herrschenden Sauerstoffdruck abhängig ist. Sie ziehen daraus den Schluß, daß an der Oberfläche Sauerstoff adsorbiert wird.

Schwefeldioxyd: Das Maximum des Angriffes liegt bei 800°. Vorher ist Nickel recht resistent. Bei 1000° geht der Angriff fast auf 0 zurück.

Schwefelsäure: Von Schwefelsäure wird Nickel nur sehr langsam angegriffen. Eine $^1/_5$ normale Säure löst in 28 Tagen 40 g/m². *Hatfield* gibt an, daß Nickel in 10 proz. Säure bei 15° überhaupt kaum löslich ist. Auch hier zeigt sich wiederum Sauerstoff als ein stark korrosionsfördernder Faktor, so daß in seiner Gegenwart eine 2 proz. Säure 108 mal so stark und eine 20 proz. 57 mal so stark angreift wie bei Ausschluß von Sauerstoff.

Schwefelwasserstoff: Durch Gemisch von Schwefelwasserstoff mit Luft wird Nickel fast nicht angegriffen.

Tetrachlorkohlenstoff:

Temperatur	Beschaffenheit des Tetrachlorkohlenstoffs	Angriff in $g/m^2 \cdot$ Tag	Bemerkungen
Zimmertemperatur 76—77°	trocken	keine Korrosion	—
Zimmertemperatur	feucht	„ 0,28 „	— ganz schwache blaue und gelbe Flecken.
67°	„	1270	leichter schwarzer Belag.

Wasser: Nickel ist ihm gegenüber sehr beständig.

Nickelüberzüge.

Mehr als seiner guten chemischen Widerstandsfähigkeit dankt das Nickel seine vielfache Anwendung als Überzugswerkstoff seinem Glanz, seiner Härte und guten Polierfähigkeit.

Die verschiedenen Methoden zur Erzeugung von Nickelniederschlägen sind:
1. Aufspritzen von Nickel nach dem Verfahren von *Schoop.*
2. Aufbringen der Nickelschicht durch Aufwalzen oder Aufgießen von Nickel.
3. Vernickeln mit Hilfe des elektrischen Stromes.

Die erste Methode tritt aber gegen die beiden anderen sehr zurück.

Die Dicke der Nickelniederschläge beträgt im allgemeinen nicht über 0,0076 mm, manchmal nur 0,0025. *Thomas* und *Blum* halten 0,006 mm schon für recht gut, während das Bureau of Standards, Washington, für eine gute Vernickelung 0,015 mm (bei Vorverkupferung 0,01 mm) fordert. Durch Temperaturerhöhung des Bades können auch bedeutend dickere Schichten hergestellt werden. Die besten Überzüge werden aber durch Aufwalzen erzielt. Die so gewonnenen plattierten Werkstoffe, die sich auch schweißen lassen, gewinnen immer mehr an Bedeutung (s. z. B. *R. Müller,* Chem. Apparatur 1932, Beil. Korr., S. 37; 1937, S. 19).

Korrosion der Vernickelung. Die elektrolytische Vernickelung bietet keinen einwandfreien Rostschutz, da die Erzeugung völlig porenfreier Niederschläge großtechnisch vorläufig noch nicht möglich ist, wenn auch gewisse Anzeichen bestehen, die auf Fortschritte in dieser Richtung hindeuten. Für die Korrosionsfestigkeit vernickelter Gegenstände ist die Vorverkupferung oder die in gleicher Weise wirkende anodische Vorbehandlung von Eisenblechen mit Chromsäure von großem Wert.

Nach Versuchen von *Thomas* und *Blum* geben beschleunigte Korrosionsversuche keinen Anhaltspunkt über die Widerstandsfähigkeit von Vernickelungen. Dagegen kann aus den Porositätsmessungen mit Ferricyankaliumlösungen (s. Stichwort Korrosion, Abschn. Messung) ein gewisser Schluß auf das Verhalten einer Vernickelung bei atmosphärischer Korrosion gezogen werden.

Die nickelplattierten Werkstoffe sind porenfrei und zeigen demgemäß das gleiche Verhalten wie reines Nickel.

Lit.: Circular of the Bureau of Standards Nr. 100, Nickel and its Alloys, herausg. v. *G. K. Burgess* (Washington 1924). — *Deutsche Gesellschaft für Metallkunde,* Werkstoffhandbuch (Nichteisenmetalle), herausg. v. *Masing, Wunder* u. *Groeck* (Berlin 1928, Beuth-Verlag). — *E. Rabald,* Werkstoffe und Korrosion I (Berlin 1931, Julius Springer); Dechema-Werkstoffblätter 1935, 1936, 1937 (Berlin, Verlag Chemie). — *Calcott, Whetzel* u. *Whittaker,* Monograph on Corrosion Tests and Materials of Construction (New York 1923, van

Nostrand). — Nickel-Informationsbüro G. m. b. H., Frankfurt a. M., Nickel-Handbuch, Bd. Nickel (1934). — *Price* u. *Davidson*, Bull. Amer. Inst. Mining Eng. 1919, S. 3040. — *R. J. McKay*, Trans. Amer. electrochem. Soc. Bd. 51; Chem. Zbl. 1927 II, S. 629. — Das Verhalten von Berndorfer Reinnickel (Achema-Jahrbuch 1925, S. 126). — *Hale* u. *Foster*, J. Soc. chem. Ind. 1915, S. 464. — *P. D. Merica*, Chem. metallurg. Engng. 1921, S. 197. — *Tammann* u. *Siebel*, Z. anorg. allg. Chem. Bd. 152, S. 149 (1926). — *Tammann* u. *Köster*, Z. anorg. allg. Chem. Bd. 123, S. 196 (1922). — *Vuk*, Z. Nahrungs- u. Genußmittel 1914, S. 103. — Verein. Deutsche Nickel-Werke A.-G., Schwerte, Nickel und seine Legierungen (Werbeschrift). — *G. Charpy*, Comptes rendus Bd. 148, S. 560 (1909). — *D. H. Wester*, Arch. Pharm. u. Ber. Dtsch. Pharm. Ges. 1927, S. 62. — *P. Chevenard*, Comptes rendus du Congrès de Chauffage Industriel Bd. I, S. 172. — *G. Tammann* u. *E. Schröder*, Z. anorg. allg. Chem. Bd. 128, S. 179 (1923). — *W. H. Hatfield*, Engineering 1923, S. 415. — *Whitman* u. *Russell*, Ind. Engng. Chem. 1925, S. 348. — *Parkes*, Korrosion u. Metallschutz 1926, S. 266. — *Thomas* u. *Blum*, Met. Ind., Lond. 1925, S. 461; Trans. Amer. electrochem. Soc. 1925, S. 69. — *M. Schlötter*, Korrosion u. Metallschutz 1925, S. 30.

Rabald.

Lit. Chem. Apparatur: *R. Müller*, Nickel- und Monel-Metall plattierte Flußstahlbleche als wirtschaftliche Werkstoffe im chemischen Apparatebau (1932, Beil. Korr., S. 37); Grundlagen der monel- und nickelplattierten Flußstahlbleche, Bearbeitung und wirtschaftliche Bedeutung für die Rohstoffgestaltung im chemischen Apparatebau (1937, S. 19, 50). — *R. W. Müller*, Das Nickel und seine Legierungen in der Petroleumraffinerie (1936, Beil. Korr., S. 9).

Nickel-Chrom-Eisen-Legierungen *(s. auch Chrom-Nickel-Stähle)*.

Zu ihnen gehört eine Reihe von mechanisch und korrosionschemisch wichtigen Legierungen. Der Eisengehalt, der in ziemlich weiten Grenzen schwankt, macht die Legierungen zäher als die binären. Ohne eine scharfe Grenze ziehen zu wollen, können die hierher gehörigen Legierungen unterteilt werden in solche, die ihrer Hitzebeständigkeit, und solche, die ihrer Säure-

Name	Proz. Ni	Proz. Cr	Proz. Fe	Sonstige Zusätze	Bemerkungen
Chroman B . . .	61	15	20	4 Proz. Mn	Heraeus-Vakuum-schmelze A.-G., Hanau
„ C . . .	65	20	10	4 Proz. Mn + 1 Proz. Mo	
„ D . . .	60	25	9	3 Proz. Mn + 2 Proz. Mo	
„ E . . .	50	33	13	2 Proz. Mn + 2 Proz. Mo	
Contracid B 2,5 M	61	15	19,5	2 Proz. Mn + 2,5 Proz. Mo	
„ B 4 M .	61	15	18	2 Proz. Mn + 4 Proz. Mo	
„ B 7 M .	60	15	16	2 Proz. Mn + 7 Proz. Mo	
„ B 6 W .	61	15	16	2 Proz. Mn + 6 Proz. W	
„ B 10 W .	61	15	12	2 Proz. Mn + 10 Proz. W	
„ BWMC	58	15	14	2 Proz. Mn + 3 Proz. Co + 3 Proz. Mo + 5 Proz. W	
Cekas 1	?	?	?	?	Kuhbier u. Sohn, Dahlerbrück
Inconel	80	14	6	unter 0,2 Proz. C	In Amerika entwickelt, jetzt auch in Deutschl. hergestellt
Nichrome (Guß) .	67	16	12	1 Proz. Mn	Amerikanische Legierungen
„ (Draht)	60	12	26	2 Proz. Mn	
„ II (Draht)	66	22	10	2 Proz. Mn	
Nichrome	65,54	10,16	20,7	0,28 Proz. C + 3,16 Proz Mn + 0,207 Proz. Si + 0,047 Proz. S + 0,013 Proz. P	
Chromel C . . .	54	11	25	—	
Calido	59	16	25	—	
Calorite	65	12	15	8 Proz. Mn	

beständigkeit wegen geschätzt werden. Die letzteren enthalten außer Mangan
häufig noch Zusätze von Molybdän, Wolfram, Kobalt. Die vorstehende
Tabelle gibt die ungefähre Zusammensetzung einer Anzahl gebräuchlicher
Legierungen wieder.

Von diesen Legierungen werden die Contracide und Inconel hauptsächlich
wegen ihrer Säurefestigkeit, die anderen wegen ihrer Zunderbeständigkeit
benutzt.

Physikalische Eigenschaften.

Farbe: Weiß, häufig durch äußere Oxydschicht grau-schwarz.
Dichte: 7,7—8,9.
Schmelzpunkt: 1350—1400°.
Wärmeleitfähigkeit: Etwa 0,04 cal/cm · sek · Grad; bei Inconel beträgt
sie 3,5 Proz. von der des Kupfers.
Linearer Ausdehnungskoeffizient: 0,000013—0,000016.
Elektrischer Widerstand in Ohm · mm²/m:

Chroman B	 1,13	Contracid B 7 M	 1,16
„ C	 1,10	Nichrome (Draht)	. . . 1,10
„ D	 1,14	Chromel C	 1,09
„ E	 1,12	Calido	 1,10
Cekas 1	 0,90	Calorite	 1,10

Bei längeren Belastungen für elektrische Heizelemente gelten folgende
Höchsttemperaturen:

Chroman B	. . . . . 1000°	Cekas 1	. . . . 1000°
„ C	. . . . . 1050°	Contracid B 7 M	. . . 1050°
„ D	. . . . . 1100°	Chromel C	. . . . . . 750°
„ E	. . . . . 1150°	Calido	. . . . 1000°

Bezüglich des Temperaturkoeffizienten s. Abb. 1521.

Zugfestigkeit: Je Zusammensetzung
und Vergütungszustand 60—80 kg/mm²;
federharter Inconeldraht erreicht eine Zugfestigkeit von 115—140 kg/mm².
Härte: Für eine geschmiedete Legierung
mit 66 Proz. Ni werden 195 Brinell angegeben.
Bearbeitbarkeit: Die Legierungen lassen
sich gießen, schmieden, walzen und mit spanabhebenden Werkzeugen bearbeiten. Sie sind
auch autogen (neutrale Flamme) und elektrisch schweißbar. Zu beachten ist bei der
Verarbeitung und Verwendung die schlechte
Wärmeleitfähigkeit, die ein vorsichtiges und
gleichmäßiges Anwärmen erforderlich macht.
Aus dem gleichen Grunde sollen auch starke
Unterschiede der Wandstärken vermieden
werden. Bei Inconel muß die Verformung

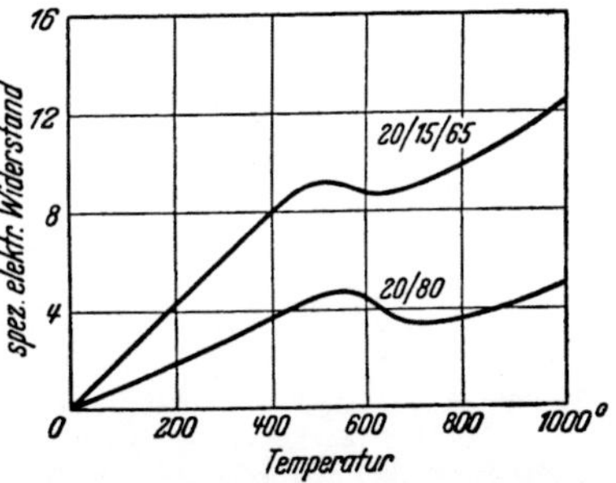

Abb. 1521. Änderung des spezif.
elektr. Widerstandes mit der Temperatur von zwei Legierungen, die
20 Proz. Cr + 80 Proz. Ni bzw.
20 Proz. Cr + 15 Proz. Fe +
65 Proz. Ni enthalten.

zwischen 650° und 870° unterbleiben, da die Legierung in diesem Bereich
spröde ist. In Amerika sind inconel-plattierte Bleche im Gebrauch.

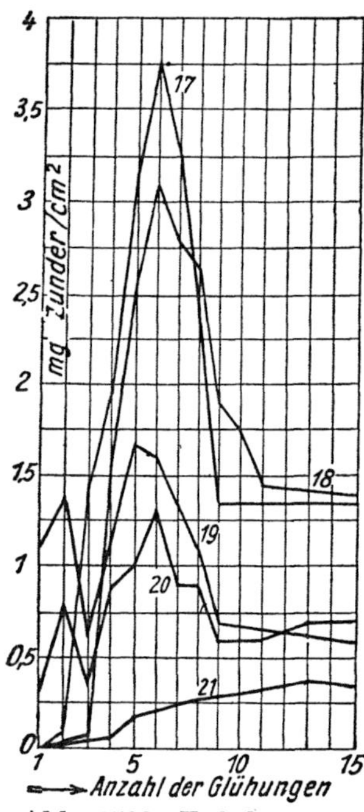

Abb. 1522. Verhalten von Legierungen gleicher Zusammensetzung, aber verschiedener Herkunft, nach *W. Rohn.*

Korrosion.

Für die Legierungen bedeutet der Eisenzusatz nur eine Verbesserung in mechanischer Hinsicht, in chemischer muß man zufrieden sein, wenn das Material dadurch keine erhebliche Verschlechterung der Beständigkeit erfährt.

Beachtlich sind die von *Rohn* gemachten Beobachtungen, daß sich Werkstoffe von fast gleicher Zusammensetzung je nach der Herstellungsweise recht verschieden verhalten (s. Abb. 1522). Bei diesen Versuchen wurden deutsche, englische und amerikanische Legierungen auf ihre Beständigkeit gegen Verzunderung geprüft. Auch von *Sutton* wird angegeben, daß sich die hitzebeständigen Legierungen recht unterschiedlich verhalten. Dieser Autor hält ungleichmäßige Zusammensetzung, schmutzigen Guß und die Anwesenheit von Aluminium (Desoxydans) für schädlich. Für Inconel gilt die folgende Tabelle:

Beständigkeit von Inconel gegen einige Säuren
(nach *Hanel*).

○ > 10 Jahre/mm, ◐ 1—10 Jahre/mm, ● < 1 Jahr/mm,

R.-T. = Raumtemperatur.

Säure	Konz. in Proz.	Temperatur	Bewegung	Belüftung	Beständigkeit in Jahre/mm	
Essigsäure						
Speiseessig	5	R.-T.	5 m/min	mit Luft	20	○
roh	80	R.-T.	ruhig		300	○
rein	80	R.-T.	ruhig		1	◐
	80	R.-T.		mit Luft	0,4	●
Ameisensäure	90	heiß			2	◐
	Dampf	heiß			3	◐
	90	R.-T.	ruhig		9	◐
	90	R.-T.		teilw. ein- getaucht	7	◐
Milchsäure	5—48	heiß		unter Vakuum	10	○
Salzsäure	5	R.-T.	5 m/min	mit Luft	0,3	●
Salpetersäure	5	R.-T.	5 m/min		0,2	●
	25	R.-T.	5 m/min		20	○
	45	R.-T.	5 m/min		40	○
	65	R.-T.	5 m/min		10	○
Fettsäuren (Stearinsäure und Ölsäure)		siedend		unter Vakuum	40	○
Schwefelsäure	5	R.-T.	5 m/min	luftfrei	4	◐
	5	R.-T.	5 m/min	mit Luft	0,3	●
	5	heiß	5 m/min	mit Luft	0,2	●
Saure Kupfersulfatlösung . .		70°		mit Luft	50	○

Ammoniak: *Claude* benutzt für den Ammoniakprozeß Legierungen mit
60 Proz. Ni + 12 Proz. Cr + 28 Proz. Fe.

Atmosphärische Korrosion: Die Legierungen sind bei gewöhnlicher
Temperatur völlig beständig (erhöhte Temperatur vgl. unten bei Oxydierende
Gase).

Essigsäure: Die Legierungen sind gegen Essigsäure aller Konzentrationen
und Temperaturen beständig.

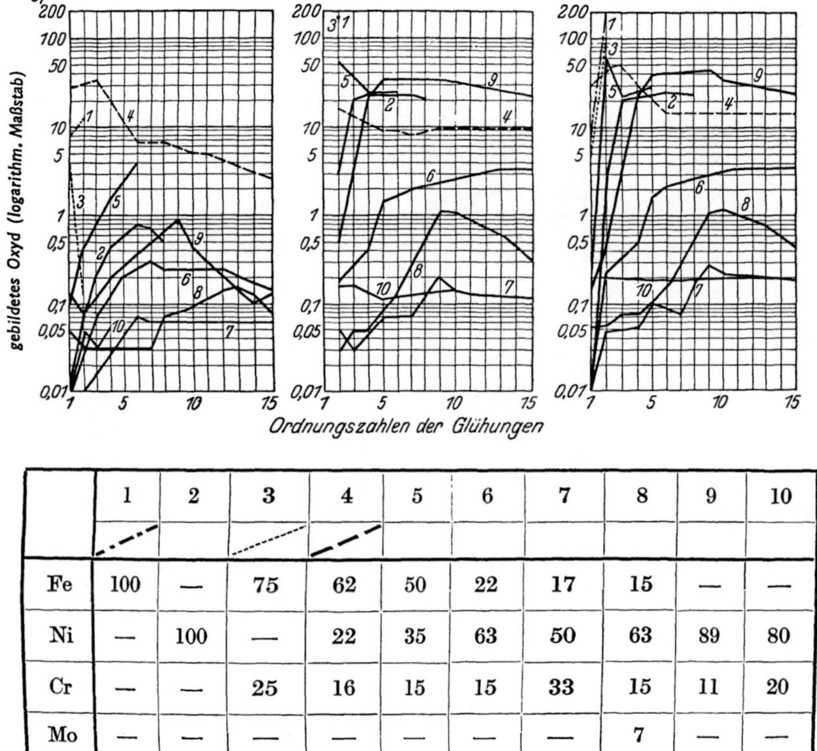

	1	2	3	4	5	6	7	8	9	10
Fe	100	—	75	62	50	22	17	15	—	—
Ni	—	100	—	22	35	63	50	63	89	80
Cr	—	—	25	16	15	15	33	15	11	20
Mo	—	—	—	—	—	—	—	7	—	—

Abb. 1523. Zunderverluste verschiedener Nickellegierungen, nach *W. Rohn*.

Hydrierungen: Bei Hydrierungen von Rohpetroleum, Teerölen u. dgl.,
die bei 450° und 200 at vor sich gehen, bewähren sich Legierungen mit
60 Proz. Ni + 15 Proz. Cr + 25 Proz. Fe.

Kaliumhydroxyd: 33proz. Lauge greift Legierungen mit über 50 Proz.
Ni und 12 Proz. Cr, Rest Eisen, nicht an.

Natriumhydroxyd: In 33proz. Ätznatronlösung zeigt Nichrome
(65,54 Proz. Nickel) keinerlei Angriff. Als besonders resistent, auch gegen
geschmolzenes Natriumhydroxyd, unter oxydierenden Bedingungen bezeichnet
Hybinette eine Legierung mit 35 Proz. Ni + 35 Proz. Fe + 30 Proz. Cr.

Natriumsalze: 10proz. Natriumsulfatlösung ist ohne Einwirkung auf
Nichrome (65,54 Proz. Nickel); vgl. auch unten bei Oxydierende Gase.

Oxydierende und reduzierende Gase bei hoher Temperatur: Für diese Beanspruchung sind von *Rohn* größere Versuchsreihen ausgeführt worden (s. auch Nickel-Chrom-Legierungen), deren Ergebnisse die Abb. 1523 zeigt.

Bei der Verwendung als Glühkästen bei der Einsatzhärtung ist noch zu vermerken, daß die Nichrome-Legierungen durch Natriumcarbonat und Bariumcarbonat etwas angegriffen werden.

Salpetersäure, Salzsäure, Schwefelsäure: Siehe die nachfolgenden Tabellen.

Salpetersäure:

Material		Kon-zentration	Temperatur	Dauer std	Angriff	
Chroman B	ungeglüht	10 Proz.	gewöhnlich	24	0,6	g/dm²
	geglüht				0,19	,,
,, B	ungeglüht	10 ,,	heiß	1	0,12	,,
	geglüht				0,02	,,
,, C	ungeglüht	10 ,,	gewöhnlich	24	0,01	,,
	geglüht					
,, C	ungeglüht	10 ,,	heiß	24	0,01	,,
	geglüht				0,28	,,
,, D	ungeglüht	10 ,,	gewöhnlich	24	0,0	,,
	geglüht					
,, D	ungeglüht	10 ,,	heiß	24	0,06	,,
	geglüht				0,02	,,
,, E	ungeglüht	10 ,,	gewöhnlich	24	0,0	,,
	geglüht				0,01	,,
,, E	ungeglüht	10 ,,	heiß	1	0,0	,,
	geglüht				0,0	,,
Contracid B2,5M	ungeglüht	10 ,,	gewöhnlich	24	0,018	,,
	geglüht				0,02	,,
,, B2,5M	ungeglüht	10 ,,	heiß	24	0,003	,,
	geglüht				0,004	,,
,, B4M	ungeglüht	10 ,,	gewöhnlich	24	0,003	,,
	geglüht				0,013	,,
,, B4M	ungeglüht	10 ,,	heiß	24	0,005	,,
	geglüht				0,005	,,
,, B7M	ungeglüht	10 ,,	gewöhnlich	24	0,05	,,
	geglüht				0,01	,,
,, B7M	ungeglüht	10 ,,	heiß	24	0,056	,,
	geglüht				0,056	,,

Salzsäure (s. auch Abb. 1526, S. 1170 unter Nickel-Chrom-Legierungen):

Material		Kon-zentration	Temperatur	Dauer std	Angriff	
Chroman B	ungeglüht	10 Proz.	gewöhnlich	24	0,12	g/dm²
	geglüht				0,14	,,
,, B	ungeglüht	10 ,,	heiß	24	38,4	,,
	geglüht				40	,,
,, C	ungeglüht	10 ,,	gewöhnlich	24	1,44	,,
	geglüht				0,08	,,
,, C	ungeglüht	10 ,,	heiß	1	1,66	,,
	geglüht				1,72	,,
,, D	ungeglüht	10 ,,	gewöhnlich	24	0,42	,,
	geglüht				0,13	,,
,, D	ungeglüht	10 ,,	heiß	1	3,84	,,
	geglüht				2,65	,,

Fortsetzung.

Material		Kon-zentration	Temperatur	Dauer std	Angriff	
Chroman E	ungeglüht	10 Proz.	gewöhnlich	24	0,36	g/dm²
	geglüht				0,09	,,
,, E	ungeglüht	10 ,,	heiß	1	4,2	,,
	geglüht				3,51	,,
Contracid B2,5M	ungeglüht	10 ,,	gewöhnlich	24	0,05	,,
	geglüht				0,05	,,
,, B2,5M	ungeglüht	10 ,,	heiß	24	2,7	,,
	geglüht				8,2	,,
,, B4M	ungeglüht	10 ,,	gewöhnlich	24	0,03	,,
	geglüht				0,043	,,
,, B4M	ungeglüht	10 ,,	heiß	24	2,9	,,
	geglüht				1,8	,,
,, B7M	ungeglüht	10 ,,	gewöhnlich	24	0,07	,,
	geglüht				0,01	,,
,, B7M	ungeglüht	10 ,,	heiß	24	9,6	,,
	geglüht				3,1	,,

Schwefelsäure:

Material		Kon-zentration	Temperatur	Dauer std	Angriff	
Chroman B	ungeglüht	10 Proz.	gewöhnlich	23	0,12	g/dm²
	geglüht				0,03	,,
,, B	ungeglüht	10 ,,	heiß	24	5,5	,,
	geglüht				4,3	,,
,, C	ungeglüht	10 ,,	gewöhnlich	24	0,14	,,
	geglüht				0,02	,,
,, C	ungeglüht	10 ,,	heiß	1	0,09	,,
	geglüht				0,06	,,
,, D	ungeglüht	10 ,,	gewöhnlich	24	0,03	,,
	geglüht				0,02	,,
,, D	ungeglüht	10 ,,	heiß	1	0,12	,,
	geglüht				0,06	,,
,, E	ungeglüht	10 ,,	gewöhnlich	24	0,03	,,
	geglüht				0,02	,,
,, E	ungeglüht	10 ,,	heiß	1	0,31	,,
	geglüht				0,01	,,
Contracid B2,5M	ungeglüht	10 ,,	gewöhnlich	24	0,024	,,
	geglüht				0,04	,,
,, B2,5M	ungeglüht	10 ,,	heiß	24	0,08	,,
	geglüht				0,12	,,
,, B4M	ungeglüht	10 ,,	gewöhnlich	24	0,015	,,
	geglüht				0,02	,,
,, B4M	ungeglüht	10 ,,	heiß	24	0,08	,,
	geglüht				0,06	,,
,, B7M	ungeglüht	10 ,,	gewöhnlich	24	0,06	,,
	geglüht				0,01	,,
,, B7M	ungeglüht	10 ,,	heiß	24	0,12	,,
	geglüht				0,05	,,

Schweflige Säure und Schwefeldioxyd: Gegen wäßrige Schweflige Säure sind die Legierungen beständig, dagegen ist heißes Schwefeldioxyd genau wie bei den binären Nickel-Chrom-Legierungen (s. d.) nicht ohne Einwirkung.

Wasser: Gegen Wasser und Wasserdampf sind die Legierungen sehr beständig.

Lit.: Circular of the Bureau of Standards Nr. 100, Nickel and its Alloys, herausg. v. *G. K. Burgess* (Washington 1924). — *Deutsche Gesellschaft für Metallkunde*, Werkstoffhandbuch (Nichteisenmetalle), herausg. v. *Masing, Wunder* u. *Groeck* (Berlin 1928, Beuth-Verlag). — *W. Rohn*, Z. Metallkde. 1926, S. 387. — Vakuumgeschmolzenes Chromnickel (Ausgabe 1929), Werbeschrift der Heraeus Vakuumschmelze A.-G., Hanau. — *E. Rabald*, Werkstoffe u. Korrosion I (Berlin 1931, Julius Springer); Dechema Werkstoffblätter 1935, 1936, 1937 (Berlin, Verlag Chemie); Dechema Werkstoff-Tabelle (Berlin 1937, Verlag Chemie). — Kuhbier u. Sohn, Dahlerbrück, Formeln u. Tabellen für Cekas 1. — *K. Grotewald*, Z. Metallkde. 1926, S. 399. — *W. H. Hatfield*, Engineer 1922, S. 639. — *W. Rohn*, Korrosion u. Metallschutz 1927, S. 233; 1928, S. 26. — *R. Sutton*, Trans. Amer. Soc. Stl. Treat. Bd. 12, S. 221; Chem. Zbl. 1927 I, S. 1890. — *Hybinette*, Brit. P. 236931, Franz. P. 600239. — Nickel-Informationsbüro G. m. b. H., Frankfurt a. M., Nickel-Chrom I (Korrosionsbeständige Nickellegierungen), II (Hitzebeständige Nickellegierungen) (1933 bzw. 1934). — *R. Hanel*, Chem. Fabrik 1936, S. 217; Z. VDI 1936, S. 1255. — *R. W. Müller*, Chem. Apparatur 1936, Beil. Korr., S. 10.   Rabald.

Nickel-Chrom-Legierungen zeichnen sich durch hohen elektrischen Widerstand, gute Formbeständigkeit und gute Korrosionsfestigkeit, besonders gegen heiße oxydierende Gase, aus. Ein Hauptverwendungsgebiet dieser Legierungen ist deshalb das der elektrischen Öfen und der hohen Temperaturen.

Die folgende Tabelle gibt die ungefähre Analyse verschiedener handelsüblicher Legierungen wieder:

Bezeichnung	Proz. Ni	Proz. Cr	Sonstige Zusätze in Proz.	Bemerkungen
Chroman A	87	11	2 Mn	Heraeus Vakuumschmelze A.-G., Hanau
Chroman B_0	83	15	2 Mn	
Chroman C_0	73,5	20	$3\,Mn + 2\,Mo + 1,5\,Fe$	
Chronin	80 (?)	20 (?)	—	Ver. Deutsche Nickel-Werke A.-G., Schwerte (Ruhr)
Cekas 2	80 (?)	20 (?)	—	Kuhbier & Sohn, Dahlerbrück
Nichrome III	85	15	—	Gleiche Zusätze haben die Legierungen Rayo und Brightray
Nichrome IV	80	20	—	Gleiche Zusätze haben die Legierungen Karma und Redray
Chromel A	80	20	—	—
Chromel P	90	10	—	—
Illium	66,6	18	$8,5\,Cu + 3,3\,W + 2\,Al + 1\,Mn + 0,2\,Ti, Si, B$	—

(Nichrome III bis Illium: Amer. Erzeugnisse)

Die Legierungen haben darnach Chromgehalte, die zwischen 10 und 20 Proz. liegen, wodurch die günstigste Beeinflussung der Eigenschaften des Nickels erzielt wird. Die Zusätze von Mangan sind aus Gründen einer guten Desoxydation und zur Erhöhung der Oxydationsbeständigkeit gemacht. Zusätze von geringen Mengen Eisen und Molybdän erhöhen die Zähigkeit.

Physikalische Eigenschaften.

Farbe: Silberweiß, meist aber durch Oxydschicht grauschwarz.
Dichte: 8,3—8,5.
Schmelzpunkt: 1400—1435°, Illium 1300°.

Wärmeleitfähigkeit: 0,04 cal/cm · sek · Grad für Cekas 2.

Linearer Wärmeausdehnungskoeffizient: 0,000014—0,000017.

Elektrischer Widerstand: 0,9—1,1 Ohm · mm²/m. Über die Änderung des Widerstandes mit der Temperatur s. Abb. 1524.

Als Maximaltemperaturen für elektrisch beheizte Nickel-Chrom-Drähte gelten die nachstehenden Zahlen, zu denen noch zu bemerken ist, daß die Werte für die Chromane Dauerversuchen entnommen sind, während für die anderen

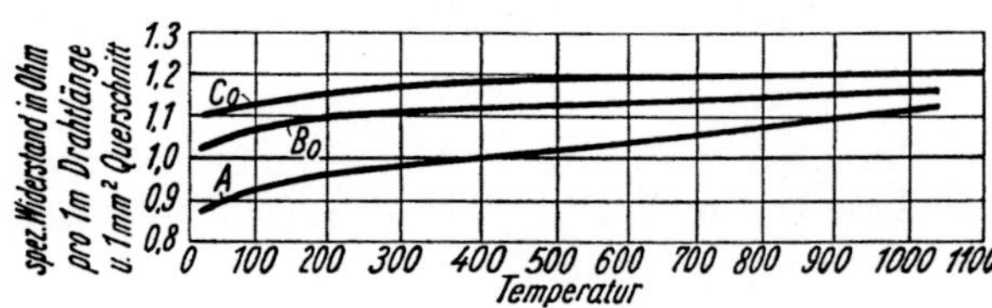

Abb. 1524. Widerstand von Nickel-Chrom-Legierungen.

Legierungen derartige Angaben nicht gemacht worden sind. Der Wert für Chromel P erscheint für den geringen Chromgehalt reichlich hoch.

Es hat sich ferner gezeigt, daß es vorteilhaft ist, bei Verwendung von Gleichstrom den Ofen des öfteren umzupolen.

Zugfestigkeit:
    80—100 kg/mm² bei 20° für gewalzte Legierungen,
    35—50 kg/mm² bei 20° für gegossene Legierungen.

Material	Höchsttemperatur
Cekas II	1100°
Brightray	1100°
Chroman A	950°
,, B₀ · · · ·	980°
,, C₀ · · · ·	1100°
Nichrome III . . .	1100°
,, IV · · ·	1150°
Chromel A	1100°
,, P	1250°

Bearbeitbarkeit: Die Legierungen lassen sich gießen und unter Zuhilfenahme von Zwischenglühungen (900—1050°) auch schmieden. Beim Acetylenschweißen ist Rücksicht darauf zu nehmen, daß die Legierungen durch Kohlenstoffaufnahme ihre günstigen Eigenschaften einbüßen.

Korrosion.

Die Korrosionsbeständigkeit hängt nicht nur von der prozentualen Zusammenstellung, sondern auch wesentlich von der Herstellungsweise ab. Schon geringe Verunreinigungen können die Lebensdauer stark verkürzen. Vakuumgeschmolzene Legierungen haben deshalb große Vorteile (s. Abb. 1522).

Ameisensäure: Siehe Abb. 1525.

Atmosphärische Korrosion: Die Legierungen sind völlig beständig.

Essigsäure: Bei den Chromanen beträgt der Angriff bei 10 proz. Säure 0,002 bis 0,004 g/dm² · Tag bei Zimmertemperatur (s. auch Abb. 1525).

Königswasser: Die Legierungen sind nicht brauchbar.

Kohlenoxyd: Durch katalytischen Zerfall des Kohlenoxydes nehmen die Nickel-Chrom-Legierungen Kohlenstoff auf, wodurch aus Chromnickel gefertigte Thermoelemente gefährdet sind.

Kohlenwasserstoffe: Der Fall liegt hier ähnlich wie bei Kohlenoxyd. Durch Kohlenstoffaufnahme werden die Legierungen brüchig, und ungeschützte Thermoelemente aus Nickel/Nickelchrom zeigen dann Abweichungen in ihrer Spannung.

Milchsäure: Siehe Abb. 1525

Mischsäuren (H_2SO_4 + HNO_3 + H_2O): Illium ist beständig (Chem. Apparatur 1932, Beil. Korr., S. 47).

Natriumhydroxydlösungen: In 16 proz. Lösung entstand bei 25° nach 142 std keine Gewichtsabnahme, bei 95—98° lösten sich 0,07 g/m² · std bei einem vierstündigen Versuch. Zu den gleichen Ergebnissen der Alkalibeständigkeit kommen *Haynes* und *Portevin*. Für Mischungen von Ätznatron + Natriumsuperoxyd + Wasser wird Illium empfohlen.

Oxydierende und reduzierende heiße Gase: Dem Angriff von Gasen, wie sie bei der Verbrennung und ähnlichen Vorgängen entstehen, setzen die Nickel - Chrom - Legierungen guten Widerstand entgegen. — Namentlich in oxydierender Atmosphäre bildet sich bei hochprozentigen (20 proz. und darüber) Legierungen eine gut schützende elastische Oxydschicht, die einen dem Metall sehr ähnlichen Ausdehnungskoeffizienten hat. — Bei vierstündigem Glühen bei 1000° erleidet eine 10 proz. Nickel-Chrom-Legierung nach *Chevenard* eine Gewichtszunahme von 0,3—0,5 mg/cm². Von *W. Rohn* (Z. Metallkde. 1927, S. 196; s. auch Abb. 1523, S. 1163 unter Nickel-Chrom-Eisen - Legierungen) wurden Drahtspiralen eine Stunde bei 1000° geglüht, dann gestreckt und der Zunder gewogen. Es wird dabei zwischen abgesprühtem, abgerecktem und gesamtem Zunder unterschieden. Der abgesprühte Zunder setzt sich aus den Oxydationsprodukten zusammen, die beim Erhitzen von selbst abspringen, während der abgereckte Zunder sich erst unter dem Einfluß der Reckspannungen löst. Dieser Zunder hat natürlicherweise nicht die Bedeutung für die Bewertung der Legierungen, da er während des Betriebes eine Schutzhaut bildet.

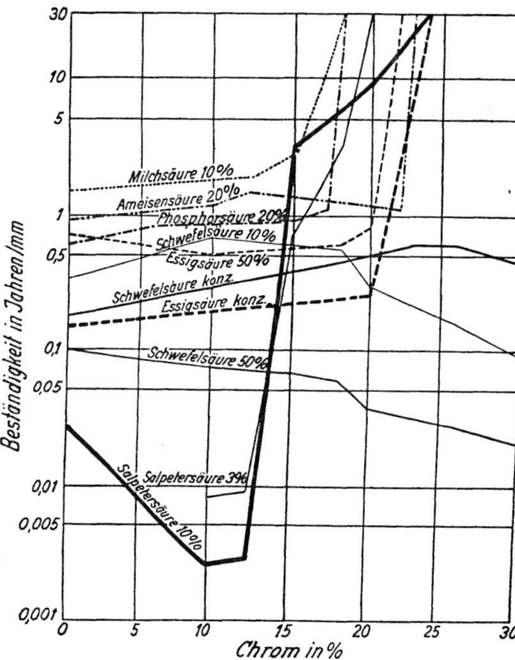

Abb. 1525. Korrosion von Nickel-Chrom in Säuren.

Von *Rohn* (Elektrotechn. Z. 1927, S. 227; Z. VDI. 1927, S. 1478) wurde dabei gefunden, daß sich Legierungen gleicher chemischer Zusammensetzung, aber verschiedener Herstellung, sehr unterschiedlich verhielten (s. Abb. 1522, S. 1162 unter Nickel-Chrom-Eisen-Legierungen). — Die Nickel-Chrom-Legierungen finden Verwendung für Ventile, Glühöfen, Pyrometerschutzrohre, in der Glasindustrie und werden nur von den Edelmetallen in ihrer Beständigkeit übertroffen.

Phosphorsäure: Über den Angriff s. Abb. 1525 und nachfolgende Tabelle:

Material		Temperatur	Kon-zentration	Dauer	Angriff
Chroman A_0 ...	{ ungeglüht { geglüht	Zimmertemp.	10 Proz.	24 std {	0,4 g/m² · Tag 0,4 ,,
,, A_0 ...	{ ungeglüht { geglüht	heiß	10 ,,	1 ,, {	43 ,, 72 ,,
,, B_0 ...	{ ungeglüht { geglüht	Zimmertemp.	10 ,,	24 ,, {	0,6 ,, 0 ,,
,, B_0 ...	{ ungeglüht { geglüht	heiß	10 ,,	1 ,, {	82 ,, 77 ,,
,, C_0 ...	{ ungeglüht { geglüht	Zimmertemp.	10 ,,	24 ,, {	0,2 ,, 0,4 ,,
,, C_0 ...	{ ungeglüht { geglüht	heiß	10 ,,	1 ,, {	26 ,, 122 ,,
Nickel-Chrom		15—20°	75 ,,	144 ,,	0,84 ,,
,, ...		100°	75 ,,	5 ,,	1,9 ,,
Chromel A		Zimmertemp.	85 ,,	24 ,,	8,7 ,,
,, A		90°	85 ,,	2 ,,	391 ,,

Als beständig wird von *Calcott, Whetzel* u. *Whittacker* auch Illium angegeben.

Salpetersäure: Die folgende Tabelle gibt einige Angriffsdaten wieder (s. auch Abb. 1525):

Material		Temperatur	Konzentration	Dauer	Angriff
Chroman A_0..	{ ungeglüht { geglüht	Zimmertemp.	10 Proz.	24 std {	276 g/m² · Tag 237 ,,
,, A_0..	{ ungeglüht { geglüht	heiß	10 ,,	1 ,, {	5184 ,, 2160 ,,
,, B_0..	{ ungeglüht { geglüht	Zimmertemp.	10 ,,	24 ,, {	4 ,, 4 ,,
,, B_0..	{ ungeglüht { geglüht	heiß	10 ,,	1 ,, {	0 ,, 480 ,,
,, C_0..	{ ungeglüht { geglüht	Zimmertemp.	10 ,,	24 ,, {	1 ,, 2 ,,
,, C_0..	{ ungeglüht { geglüht	heiß	10 ,,	1 ,, {	0 ,, 0 ,,
Nickel-Chrom		15—20°	Dichte 1,20	144 ,,	19 ,,
,, ...		100°	,, 1,20	5 ,,	120 ,,
,, ...		15—20°	50 Proz. Säure v. d. Dichte 1,2+50 Proz. Wasser	144 ,,	0,8 ,,
Nichrome		25°	70 Proz.	142 ,,	43 ,,
,, ...		95—98°	70 ,,	4 ,,	4272 ,,
,, ...		25°	25 ,,	142 ,,	33 ,,
,, ...		95—98°	25 ,,	4 ,,	3864 ,,
Illium		20—30°	10 ,,	1 Monat	0,009 ,,
,, ...		20—30°	70 ,,	1 ,,	0,1 ,,

Salzsäure: Die Legierungen werden von 10 proz. Säure langsam angegriffen; s. Abb. 1526.

Schwefel: Durch Schwefeldämpfe werden Thermoelemente aus Nickel-Chrom nachteilig beeinflußt.

Schwefelsäure: Siehe die nachfolgende Tabelle und Abb. 1525.

Material		Temperatur	Konzentration	Dauer	Angriff
Chroman A {ungeglüht . .		Zimmertemp.	10 Proz.	24 std	0,03 g/dm²
{geglüht . . .					0,02 ,,
,, A {ungeglüht . .		heiß	10 ,,	1 ,,	0,12 ,,
{geglüht . . .					0,05 ,,
,, B₀ {ungeglüht . .		Zimmertemp.	10 ,,	24 ,,	0,07 ,,
{geglüht . . .					0,01 ,,
,, B₀ {ungeglüht . .		heiß	10 ,,	1 ,,	0,10 ,,
{geglüht . . .					0,02 ,,
,, C₀ {ungeglüht . .		Zimmertemp.	10 ,,	24 ,,	0,01 ,,
{geglüht . . .					0,01 ,,
,, C₀ {ungeglüht . .		heiß	10 ,,	1 ,,	0,11 ,,
{geglüht . . .					0,14 ,,

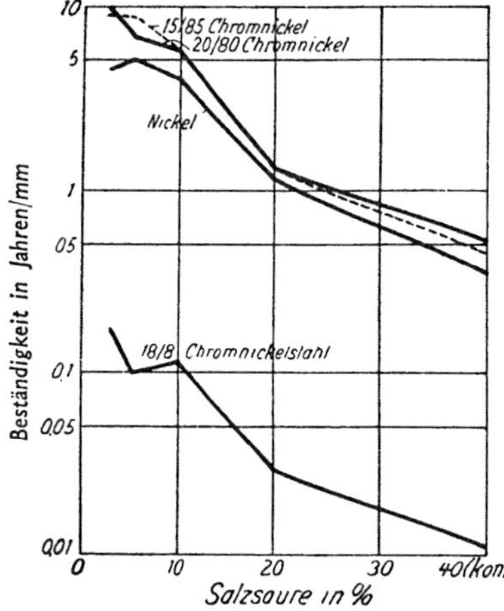

Abb. 1526. Widerstandsfähigkeit einiger Nickellegierungen gegenüber Salzsäure.

Schweflige Säure und Schwefeldioxyd: In Wasser gelöste Schweflige Säure hat bei 15—20° nur einen geringen Einfluß auf Nickel-Chrom-Legierungen (0,056 g/m² · std Verlust). Heißes Schwefeldioxyd greift dagegen diese Legierungen erheblich an. Ein Gehalt von $1^1/_2$ Proz. Schwefelverbindungen in Ofengasen wirkt sehr zerstörend auf Nickel-Chrom-Legierungen.

Trichloressigsäure: Die Legierungen sind nicht beständig.

Überschwefelsäure: Illium ist beständig (Chem. Apparatur 1933, Beil. Korr., S. 15).

Wasser: Gegen Wasser ist Nickel-Chrom völlig beständig. *Askenasy* verwendete Nickel-Chrom-Rohre zur Umwandlung von Eisen in Magnetit durch Dampf von 1000°.

Lit.: Circular of the Bureau of Standards Nr. 100, Nickel and its Alloys, herausg. v. *G. K. Burgess* (Washington 1924). — Vakuumgeschmolzenes Chromnickel (Ausgabe 1929, Werbeschrift der Heraeus Vakuumschmelze A.-G., Hanau). — *W. Rohn*, Z. Metallkde. 1926, S. 387; 1932, S. 127; Elektrotechn. Z. 1927, S. 227, 317; Z. angew. Chem. 1927, S. 1189; Korrosion u. Metallschutz 1927, S. 233; 1928, S. 26. — Nickel-Informationsbüro G. m. b. H., Nickel-Handbuch, Nickel-Chrom I (Korrosionsbeständige Nickellegierungen), Nickel-Chrom II (Hitzebeständige Nickellegierungen) (1933). — Verein. Deutsche Nickel-Werke A.-G., Schwerte, Nickel und seine Legierungen (Werbeschrift). — *K. Grotewold*, Z. Metallkde. 1926, S. 399. — *P. Reinglass*, Chemische Technologie der Legierungen (2. Aufl., Leipzig 1926, Spamer). — *S. I. Tungay*, Acid-Resisting Metals (London 1925, Benn). – *E. Rabald*, Werkstoffe u. Korrosion I (Berlin 1931, Julius Springer); Dechema-Werkstoffblätter 1935, 1936, 1937 (Berlin, Verlag Chemie). — *Deutsche Gesellschaft für Metallkunde*, Werkstoffhandbuch (Nichteisenmetalle), herausg. v. *Masing, Wunder* u. *Groeck* (Berlin 1928, Beuth-Verlag). — *W. S. Calcott, I. C. Whetzel* u. *H. F. Whittaker*, Monograph on Corrosion Tests and Materials of Construction (New York 1923, van Nostrand). — *A. Portevin*, Rev. Métallurg. 1927, S. 697. — *E. Haynes*, Ind. Engng. Chem. 1910, S. 397. — *C. I. Smithells* u. *I. W. Avery*, J. Inst. Met., Lond. 1928, S. 269.

Rabald.

Nickel-Chrom-Stähle, s. Chrom-Nickel-Stähle.

Nickelin, s. Kupfer-Nickel-Legierungen.

Nickel-Kupfer-Legierungen *(s. auch Kupfer-Nickel-Legierungen).*
Von ihnen haben die mit 60—80 Proz. Nickel die technisch günstigsten Eigenschaften. Praktisch hergestellt werden nur Legierungen mit 60—70 Proz. Nickel. Sie kommen unter den Namen Monelmetall, Corronil, Nicorros (s. d.), Silverin, MMM-Metall, S.M.L.-Alloy in den Handel.

Das am besten bekannte Monelmetall verdankt seinen Namen *A. Monel,* dem Präsidenten der International Nickel Co., Amerika. — Da in Canada (Sudbury District) Erze gefunden werden, die beim Erschmelzen gleich die fertige Legierung ergeben, hat man Monelmetall als Naturlegierung bezeichnet. Von *Gaines* wird behauptet, daß synthetisch hergestelltes Monelmetall nicht die gleichen guten Eigenschaften zeigt wie das aus oben angegebenem Erz gewonnene, was von anderer Seite angezweifelt wird.

Die Zusammensetzung der verschiedenen Legierungen ist, wie die Tabelle zeigt, sehr ähnlich:

Werkstoff	Proz. Ni	Proz. Cu	Proz. andere Metalle
Monelmetall	67	29	1,9 Mn, 1,7 Fe, 0,2 C, 0,2 Si
Corronil	70	28,9	1 Fe
Silverin	67—70	27—32	1—3 Mn
MMM-Metall	60,5	26,6	10,2 Sn, 1,9 Fe, 0,5 Mn, 0,2 Si

Vom Monelmetall werden verschiedene Sorten geliefert: Monelmetall, Monelmetall R (geringer Schwefelgehalt; *O. B. I. Fraser,* Iron Age 1936, S. 36) bzw. Monelmetall K (geringer Aluminiumgehalt; *W. A. Mudge* u. *P. D. Merica,* Japan. Nickel-Rev. 1935, S. 305, Chem. Zbl. 1936 I, S. 3744; *R. W. Müller,* Korrosion u. Metallschutz 1935, S. 253), von denen sich die beiden letzteren vom gewöhnlichen Monelmetall in ihren physikalischen Eigenschaften (gute maschinelle Bearbeitbarkeit bzw. Härtbarkeit) unterscheiden.

Physikalische Eigenschaften.
Die nachfolgend aufgeführten Zahlenwerte beziehen sich auf gewöhnliches Monelmetall, gelten aber größenordnungsmäßig auch für die anderen genannten Nickel-Kupfer-Legierungen.

Farbe: Weiß, platinähnlich.

Dichte: 8,82—8,87 (gegossen), 8,95 (gewalzt).

Struktur: Nickel und Kupfer bilden sowohl im festen als auch flüssigen Zustand eine lückenlose Mischkrystallreihe. Das Strukturbild des gewalzten oder angelassenen Monelmetalles ist dem des Nickels außerordentlich ähnlich. Völlig anders ist die Struktur des gegossenen Monelmetalles, die ausgesprochen dendritisch ist.

Schmelzpunkt: 1300—1360°, je nach dem Kohlenstoffgehalt.

Spez. Wärme: 0,128.

Wärmeleitfähigkeit: 0,06 cal/cm · sek · Grad.

Linearer Wärmeausdehnungskoeffizient: $10,9 \cdot 10^{-6}$ (von $0-700°$).

Elektrischer Widerstand: 0,42 Ohm · mm²/m.

Reflexionsvermögen: 60 Proz. von dem des Silbers.

Zugfestigkeit und Dehnung:

Temperatur	Zugfestigkeit	Dehnung
20°	65,2 kg/mm²	51 Proz.
320°	60,6 ,,	48 ,,
410°	53,2 ,,	49,5 ,,
500°	45,2 ,,	45 ,,
630°	25,5 ,,	33 ,,
700°	16,2 ,,	27 ,,
905°	4,4 ,,	27 ,,

Aus der Tabelle und aus Abb. 1527 ist die gute Warmfestigkeit von Monelmetall klar ersichtlich (s. dazu auch *R. Müller*, Chem. Apparatur 1937, S. 316, 329). Bei tiefen Temperaturen sind die Festigkeitseigenschaften gleichfalls günstig (s. dazu *H. W. Russell*, Symposium on Effect of Temperature on the Properties of Metals, S. 658, New York 1931).

Kerbzähigkeit und Wechselfestigkeit (s. dazu auch *R. Müller*, Chem. Apparatur 1937, S. 316, 329): Siehe Abb. 1528.

Härte: Siehe Abb. 1528. Die Härte wechselt mit dem Verarbeitungszustand.

Monelmetall gegossen	120—140	Brinell
,, warm gewalzt	150—190	,,
,, kalt gezogen	200—217	,,

Bearbeitbarkeit: Monelmetall läßt sich feilen, bohren, lochen, stanzen, schmieden (zwischen 1040 und 1100°), gießen, polieren. Beim Kaltziehen wird Material mit niedrigem Kohlenstoffgehalt verwendet, während beim Heißwalzen ein höherer Kohlenstoffgehalt bevorzugt wird. — Das Löten (s. dazu auch *R. W. Müller*, Melliand Textilber. 1931, S. 73) von Monelmetall wird genau so vorgenommen wie bei Kupfer. Am besten verzinnt man die Lötstellen vorher.

Die Sauerstoff-Acetylen-Schweißung wird mit schwach reduzierender Flamme durchgeführt, die nicht zu klein sein darf, sondern die zu schweißende Stelle völlig bedeckt halten soll. Bei der metallischen Lichtbogenschweißung müssen die Schweißdrähte mit einer Desoxydationsmischung überzogen sein. Als eine solche wird empfohlen:

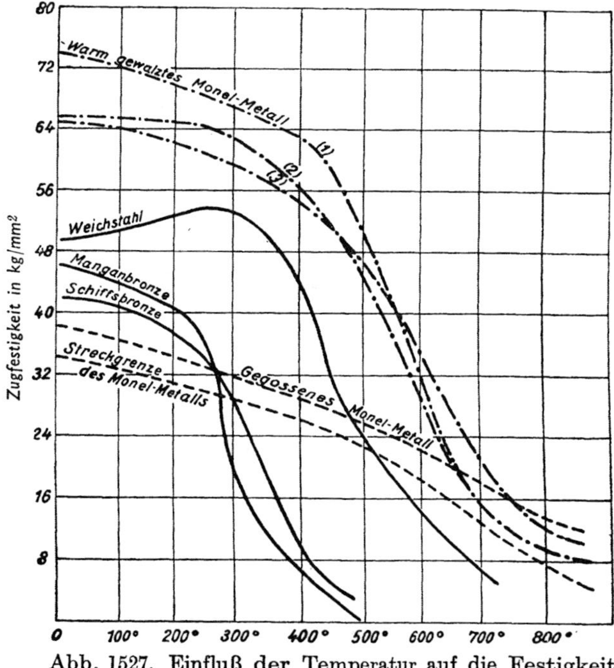

Abb. 1527. Einfluß der Temperatur auf die Festigkeit auf Monelmetall.

2 Teile einer Legierung aus 14—16 Proz. Magnesium + 27—33 Proz. Mangan + Rest Silicium,
2 „ pulverisierter Borax,
0,5 „ Kohlepulver.

Diese Mischung wird mit einer Schellacklösung (50 g Schellack auf 1 l Alkohol) angefeuchtet aufgetragen. Das Werkstück ist als negativer Pol zu schalten (im Gegensatz zu Stahl!). — Es sind aber auch die Hammerschweißung, die Widerstandsschweißung und die Arcatomschweißung möglich. Die Festigkeit des geschweißten Werkstoffes ist sehr gut. Nähere Einzelheiten über das Schweißen s. *R. W. Müller*, Chem. Fabrik 1931, S. 310, Chem. Apparatur 1937, S. 330; Power 1929, S. 1063; *I. Picard*, Métaux 1935, S. 324; *M. Waehlert*, Mitteil. D 1 des Nickel-Informationsbüros G. m. b. H. (Frankfurt a. M.); *C. Canzler*, Z. Metallkde. 1932, S. 16.

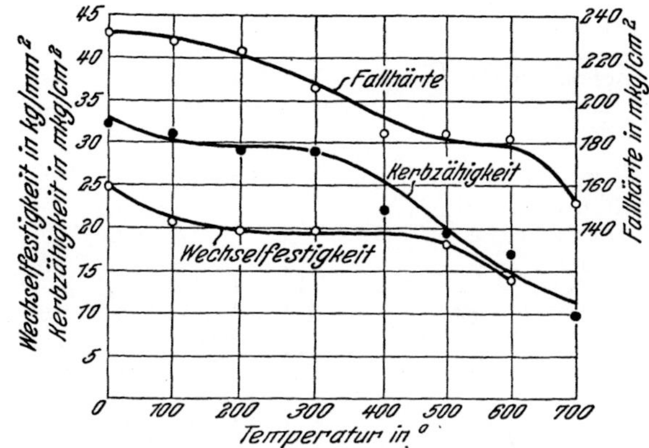

Abb. 1528. Wechselfestigkeit, Kerbzähigkeit und Fallhärte von Monelmetall.

Korrosion.

Monelmetall und ähnliche Legierungen sind sehr korrosionsbeständige Werkstoffe. Wichtig bei der Säurekorrosion ist der Gehalt an Sauerstoff, der wie die steigende Temperatur den Angriff erhöht:

Angreifende Säure	Proz.	Angriff in mm/Jahr bei Raumtemperatur	
		luftfrei	luftgesättigt
Schwefelsäure	10	0,1	0,75
Essigsäure	20	unter 0,25	0,5

Ähnlich liegt der Fall bei Salzsäure, Phosphorsäure (Gehalt an Nitraten, Eisen, Chloriden ist schädlich) und bei den organischen Säuren. Weiteres kann der folgenden Tabelle entnommen werden:

Angreifendes Mittel	Beständigkeit	Verwendung
Acetylen	beständig	Ventile
Alaunlösungen	beständig	Ventile, Pumpenwellen, Krystallisierapparate
Aluminiumchloridlösungen	beständig gegen verdünnte Lösungen	Textilindustrie
Aluminiumsulfatlösungen .	beständig	Krystallisierwannen, Filtergewebe
Ammoncarbonatlösungen .	beständig	Rohrleitungen
Ammonchloridlösungen . .	5proz. Lösung verursacht einen Verlust von 3—4 g/m² · Tag	Filtergewebe, Rohrleitungen

Fortsetzung

Angreifendes Mittel	Beständigkeit	Verwendung
Ammoniak, gasförmig . .	beständig	Ventile, Pumpen, Filter
Ammoniak, wäßrige Lösung	Verlust 0,028 mm/Jahr für Lösungen 16° Bé	Ventile, Pumpen, Filter
Ammonnitratlösungen . .	fast völlig beständig	Keine Verwendung, weil schon Spuren von Kupfersalzen die Zersetzung katalysieren können
Ammonsulfatlösungen . .	beständig (auch wenn schwach schwefelsauer)	Schleuderkörbe, Filtergewebe
Äthylalkohol	beständig	Destillierapparate, Pumpenbehälter
Äthyläther	beständig	Extrakteure, Filtergewebe
Äthylidendichlorid	beständig	Destillierapparate, Pumpen
Atmosphäre	beständig	Beschläge, Armaturen
Benzol	beständig	Filtergewebe, Rührer
Blausäure	beständig	Rohrleitungen, Ventile
Bleiacetatlösungen	weitgehend beständig	Rührer
Bleichlösungen	begrenzt beständig	Behälter für Lösungen mit nicht über 3 g aktivem Chlor
Calciumchloridlösungen . .	beständig	Armaturen, Ventile
Chlor (trockenes Gas) . .	beständig	Ventile, Armaturen
Cumarin	unbeständig	
Düngesalze	beständig	Auskleidung von Trockentrommeln
Essigsäure	beständig (33proz. Säure 1 g/m²·Tag bei 20°)	Behälter, Rohrleitungen, Filtergewebe, Abfüllmaschinen; Kupfergehalt in d. Essigsäure ist schädlich
Essigsäureanhydrid. . . .	beständig	Armaturen, Schleudern bei der Acetylcelluloseherstellung
Farbstoffe.	begrenzt beständig (beständig gegen saure und Küpenfarbstoffe, nicht beständig gegen Schwefelschwarz und basische Farbstoffe)	Behälter, Rührwerke, Filtergewebe
Glycerin	beständig	Ventile, Pumpenteile, Filtergewebe, Behälter
Kaliumhydroxyd.	beständig	Filtergewebe, Pumpen, Rohre
Magnesiumchloridlösungen	beständig	Darren, Rohrleitungen
Natriumchloridlösungen (Salzsolen)	beständig	Schleuderkörbe, Transportschnecken, Salzdarren, Filtergewebe, Verpackungsmaschinen
Natriumhydroxyd	beständig	Filtergewebe, Pumpen, Rohrleitungen
Natriumnitratlösungen .	beständig	Elevatorenbecher, Pumpenteile, Filtergewebe
Natriumsulfitlösungen . .	beständig	Rohrleitungen
Öle.	beständig	Destillationsanlagen für Leinöl
Ölsäure	beständig	Destillierapparate, Pumpenteile, Rohrleitungen, Mischer
Palmitinsäure	beständig	

Fortsetzung

Angreifendes Mittel	Beständigkeit	Verwendung
Petroleum (s. dazu auch *R. W. Müller*, Chem. Apparatur 1936, Beil. Korr., S. 9)	beständig	Ventil- und Pumpenteile, Schleudern, Rohrleitungen
Quecksilbersalzlösungen. .	unbeständig	
Salpetersäure	nicht beständig	
Salzsäure	nur sehr begrenzt beständig	Pumpen, Rohrleitungen bei Konzentrationen nicht über 25 Proz. und nicht über 25°
Saure Gase	beschränkt beständig	Turmfüllungen für Gase, die HCl, H_2SO_4, Essigsäure enthalten; nicht brauchbar bei Gehalten an HNO_3
Schwefeldioxyd (trockenes Gas)	beständig	Ventile
Schwefelsäure (s. dazu auch *Fraser, Ackermann* u. *Sands*, Ind. Engng. Chem. 1927, Nr 3)	begrenzt beständig	Ventile, Rohrleitungen, Rührer, Pumpenteile für Säure bis 60 Proz. und nicht über 70°
Wasser, flüssig	beständig	Rohre; stark eisenchloridhaltiges Wasser greift an
Wasser, Dampf	beständig	Ventile, Dampfmesserteile, Heizschlangen, Turbinenschaufeln
Xanthogenate	beständig	Filtergewebe in Viscoseindustrie
Zinkschmelzen.	unbeständig	
Zinnschmelzen.	beständig	Pyrometerrohre
Zitronensäure	beständig	Rohrleitungen, Krystallisierwannen
Zucker	beständig	Schleudern, Rohre, Pumpen, Filtergewebe

Erhebliche Bedeutung hat auch die Verwendung von Monelmetall-Filtergewebe. Gute Erfahrungen liegen vor bei der Aluminiumoxydgewinnung aus Bauxit, bei der Zellstoffgewinnung (Hypochloritbleiche), in der Zuckerfabrikation, Lackindustrie (hellere Öle), Gummiindustrie, Färberei (Hydrosulfitküpe) und Nahrungsmittelindustrie (*R. Müller*, Chem. Apparatur 1936, S. 177).

Da Monelmetall ein ziemlich teurer Werkstoff ist, hat man in neuerer Zeit auch (durch Aufwalzen) monelmetallplattierte Eisenbleche hergestellt, die sich in der Praxis bewährt haben (s. dazu *R. Müller*, Chem.-Apparatur 1932, Beil. Korr., S. 37, 1936, S. 9, 1937, S. 19; *B. Trautmann*, Masch.-Bau 1936, Beil. Der Betrieb, S. 295).

Lit.: *E. Rabald*, Werkstoffe und Korrosion I (Berlin 1931, Julius Springer); Dechema Werkstofftabelle (Berlin 1937, Verlag Chemie); Dechema-Werkstoffblätter 1935, 1936, 1937 (Berlin, Verlag Chemie). — Nickel-Informationsbüro G. m. b. H., Frankfurt a. M., Nickel-

Handbuch, Teil Nickel-Kupfer mit über 50 Proz. Nickel. — *S. F. Tungay*, Acid Resisting Metals (London 1925, Benn). — Circular of the Bureau of Standards Nr. 100, Nickel and its Alloys, herausg. v. *G. K. Burgess* (Washington 1924). — *I. Desmurs*, Aciers spéc. 1929, S. 363. — *H. Winkelmann*, Chem. Apparatur 1929, S. 64. — *H. C. Robson*, Iron Coal Trad. Rev. 1935, S. 1017. — *M. Tsunekawa*, Japan. Nickel-Rev. 1935, S. 625; Chem. Zbl. 1936 I, S. 3745. — *R. H. Gaines*, Ind. Engng. Chem. 1912, S. 354. — Chem. Apparatur 1925, S. 56.   Rabald.

Lit. Chem. Apparatur: *R. Müller*, Nickel- und Monel-Metall plattierte Flußstahlbleche als wirtschaftliche Werkstoffe im chemischen Apparatebau (1932, Beil. Korr., S. 37). — *R. W. Müller*, Das Nickel und seine Legierungen in der Petroleumraffinerie (1936, Beil. Korr., S. 9). — *R. Müller*, Unkostensenkung beim Filtrieren und Trennen chemischer und technischer Stoffe durch Monelmetall-Filtererzeugnisse (1936, S. 177); Grundlagen der monel- und nickelplattierten Flußstahlbleche, Bearbeitung und wirtschaftliche Bedeutung für die Rohstoffgestaltung im chemischen Apparatebau (1937, S. 19, 50); Geschweißter Salzwascher aus Monel in einer Saline (1937, S. 300); Festigkeitseigenschaften von Monelmetall im chemischen Apparatebau bei verschiedenen Temperaturen (1937, S. 316, 329); Säurebeständige Schutzvorrichtungen aus Monel-Blech in Beizereien (1937, S. 380); Zur Werkstofffrage bei der technischen Anwendung von Fluorwasserstoffsäure (1938, S. 6).

Nickellegierungen, s. Chrom-Nickel-Stähle, Gußeisenlegierungen u. legierter Stahlguß, Nickelstähle, Nickel-Kupfer-Legierungen, Kupfer-Nickel-Legierungen, Chrom-Nickel-Legierungen, Nickel-Chrom-Eisen-Legierungen, Nickel-Chrom-Legierungen.

Nickelstähle sind ihrer Anwendung nach älter als die Chromstähle, (s. d.), durch die sie teilweise verdrängt worden sind. Für die chemische Technik haben hauptsächlich die hochlegierten Nickel-Stähle Bedeutung.

Physikalische Eigenschaften. Wärmeausdehnungskoeffizient: Die Wärmeausdehnungskoeffizienten von Nickelstählen ·weisen bemerkenswerte Zahlen auf. Invarstahl (etwa 36 Proz. Ni) hat einen bei gewöhnlichen Temperaturen außerordentlich kleinen Ausdehnungskoeffizienten, und derjenige von Platinit (46 Proz. Nickel) ist fast genau der des Glases (0,0000073—0,0000080); daher dient Platinit als Einschmelzdraht.

Die Wärmeleitfähigkeit von hochprozentigen Nickelstählen ist gleichfalls sehr gering. Besonders niedrig ist die von Frigidal (33 Proz. Ni + 1 Proz. Cr + Rest Fe) mit 0,026 cal/cm · sek · Grad. Stäbe dieser Legierung können an einem Ende mit der Hand gehalten werden, während das andere rotglühend ist. Die Legierung wird deshalb für Zwischenstücke benutzt, wenn der Wärmeabfluß von hocherhitzten Teilen vermieden werden soll.

Festigkeitseigenschaften:

Proz. Ni	Zustand	Streckgrenze kg/mm²	Festigkeit kg/mm²	Dehnung Proz.	Verwendung
25 (weich)	geglüht	25—30	55—60	40—30	Ventilkegel
	gehärtet	25—30	50—60	50—40	
25 (hart)	geglüht	25—30	55—70	45—35	Ventilkegel
	gehärtet	25—30	65—70	55—40	
30	geglüht	25—30	50—60	40—30	Teile, die bei hoher Temperatur nur geringe Ausdehnung haben dürfen
	gehärtet	25—30	50—60	50—40	
30	geglüht	25—30	55—60	40—30	
	gehärtet	25—30	55—60	50—40	

Korrosion. Die Nickelstähle sind wesentlich korrosionsfester als Kohlenstoffstähle und Gußeisen. In bezug auf die Chromstähle sind sie diesen in manchen Fällen (Schwefelsäure, Salzsäure) überlegen, in anderen (Salpetersäure, Salzwasser) unterlegen. Der chemische Widerstand steigt erheblich mit der Erhöhung des Nickelzusatzes. Namentlich die 30- und höherprozentigen austenitischen Stähle stellen sehr resistente, natürlich auch schon kostspielige Werkstoffe dar. Im Gegensatz zu den Chromstählen sind die Nickelstähle nach Versuchen von *Duffek* im geglühten Zustand wesentlich beständiger als im gehärteten.

At m o s p h ä r i s c h e K o r r o s i o n : Nach Versuchen der Friedr. Krupp A.-G. ergeben sich folgende relative Werte für Rosten an der Luft (Flußeisen = 100):

$$
\begin{aligned}
&\text{Flußeisen} \dots\dots\dots\dots\ 100\\
&9\,\text{proz. Nickelstahl}\dots\dots\ 70\\
&25\,\text{proz. Nickelstahl}\dots\dots\ 11
\end{aligned}
$$

Die noch höheren Nickelstähle sind noch beständiger.

C h l o r : *Pollit-Creutzfeldt* empfehlen 33—36 proz. Nickelstähle für stark beanspruchte Teile an Chlorkompressoren.

N a t r i u m h y d r o x y d : Ein Stahl mit 3 Proz. Nickel bleibt in 33 proz. Lauge völlig unangegriffen. Auch gegen geschmolzenes NaOH sind Nickelstähle sehr beständig.

S a l p e t e r s ä u r e : Auch hochlegierte Stähle sind nicht brauchbar.

S c h w e f e l s ä u r e :

Material	$^1/_1$ normale Schwefelsäure
3 proz. Ni-Stahl .	0,0331 g/cm^2·Tag
30 proz. Ni-Stahl .	0,0006 ,,

30 proz. Nickelstahl ist also recht beständig gegenüber etwa 10 proz. Säure ($^1/_1$ normal). Kohlenstoffarme (aus Carbonyleisen hergestellte) Nickel-Eisen-Legierungen sind besonders widerstandsfähig (I. G. Farbenindustrie, Franz. P. 629521, Chem. Zbl. 1928 I, S. 1579).

Lit.: *P. Oberhofer*, Das technische Eisen (Berlin 1925, Julius Springer). — *G. Mars*, Die Spezialstähle (Stuttgart 1922, Enke). — *E. Rabald*, Werkstoffe u. Korrosion I (Berlin 1931, Julius Springer); Dechema-Werkstoffblätter 1935, 1936 (Berlin, Verlag Chemie). — Nickel-Informationsbüro G. m. b. H., Frankfurt a. M., Nickel-Handbuch, Teil Nickelstähle (Baustähle, Stahlguß). — *Verein Deutscher Eisenhüttenleute*, Werkstoffhandbuch (Stahl u. Eisen), bearb. von *K. Daeves* (Düsseldorf 1927, Stahleisen). — *A. A. Pollitt*, Ursachen u. Bekämpfung der Korrosion, übers. u. bearb. von *H. Creutzfeld* (Braunschweig 1926, Vieweg). — *H. Hatfield*, Engineer 1922, S. 639; Chem. Zbl. 1923 II, S. 680. — Fried. Krupp A.-G., Werbeschrift X, Nr. 1680. — *V. Duffek*, Chem. Apparatur 1927, Beil. Korr., S. 15, 17, 38.

Rabald.

Nicorros ist eine Nickel-Kupfer-Legierung, die praktisch die gleiche Zusammensetzung und die gleichen Eigenschaften hat wie das unter Nickel-Kupfer-Legierungen (s. d.) beschriebene Monelmetall.

Lit.: Chem. Apparatur 1934, Beil. Korr., S. 19.

Ra.

Nimol, s. Gußeisenlegierungen u. legierter Stahlguß.

Niob (Niobium) ist ein dem Tantal verwandtes Metall, das erst seit neuester Zeit in größerem Maßstabe (Siemens-Röhrenwerke, Berlin) hergestellt wird. Es kommt in Form von Drähten und Stäben (0,1—40 mm $\varnothing$), Blechen (150 mm breit, 0,05—10 mm dick) und nahtlosen Rohren (3—40 mm $\varnothing$, bis zu 3 m Länge) in den Handel. Dichte 8,4, Schmelzpunkt bei 2500°. — Die chemische Widerstandsfähigkeit ist ausgezeichnet, wie untenstehende Tabelle (nach *Kreuchen*) zeigt, Bei gewöhnlicher Temperatur greifen weder Luft noch Gase, wie Schwefeldioxyd, Schwefelwasserstoff, Halogene, Kohlendioxyd, an. Gefährlich ist Wasserstoff in statu nascendi und in der Wärme, der unter Bildung von Hydriden zur Versprödung des Metalls führt. Bei Temperaturen über 300° greift Luft Niob an. Gegen Alkalischmelzen und alkalisch wirkende Salze ist Niob so empfindlich, daß der Angriff unter Feuererscheinung verlaufen kann. — Der Preis von Niob erlaubt seine Verwendung nur für Sonderzwecke.

Angreifendes Mittel	Temp. Grad	Angriff in $g/m^2 \cdot$ Tag	Blecheigenschaften nach dem Versuch
2 n-HCl	20	0	unverändert
2 n-HCl	100	0	unverändert
Konz. HCl 1,16	20	0	unverändert
Konz. HCl 1,16	100	13,53	gegen Biegen unverändert, leichte Ätzstruktur
Rauchende HCl 1,19	20	0	unverändert
Rauchende HCl 1,19	100	8,32	spröde, Oberfläche unverändert
2 n-HNO$_3$	20	0	unverändert
2 n-HNO$_3$	100	0	unverändert
Konz. HNO$_3$	20	0	unverändert
Konz. HNO$_3$	100	0,22	gegen Biegen unverändert
Rauchende HNO$_3$	20	0	unverändert
Rauchende HNO$_3$	100	0,22	gegen Biegen unverändert, Oberfläche leichte Ätzstruktur
2 n-H$_2$SO$_4$	20	0	unverändert
2 n-H$_2$SO$_4$	100	0,13	unverändert
Konz. H$_2$SO$_4$	20	0	unverändert
Konz. H$_2$SO$_4$	100	17,00	gegen Biegen unverändert, Oberfläche Ätzstruktur
Rauchende H$_2$SO$_4$	20	31,97	Ätzstruktur, gegen Biegen unverändert
Perchlorsäure, 70 proz.	20	0	unverändert
Perchlorsäure, 70 proz.	100	0	unverändert
Flußsäure, 10 proz.	20	8,00	Oberfläche blauviolett angelaufen, wenig spröder
Flußsäure, 30 proz.	20	14,31	Oberfläche violett angelaufen, Ätzstruktur, sehr spröde
Königswasser	20	0	unverändert
Königswasser	100	0,47	unverändert
Chromschwefelsäure	20	0,34	unverändert
Chromschwefelsäure	100	0,56	unverändert
Konz. Essigsäure	20	0	unverändert
Konz. Essigsäure	100	0	unverändert
Oxalsäure, gesättigt	20	0,09	unverändert
Oxalsäure, gesättigt	100	8,07	Oberfläche silberglänzend geätzt, gegen Biegen unverändert
2 n-KOH	20	0,25	Oberfläche leicht braun angelaufen, gegen Biegen unverändert
2 n-KOH	100	1,22	Oberfläche braun, durchlöchert, spröde
KOH, 25 proz.	20	0,56	unverändert
KOH, 25 proz.	100	155,31	äußerst spröde

Fortsetzung

Angreifendes Mittel	Temp. Grad	Angriff in g/m² · Tag	Blecheigenschaften nach dem Versuch
KOH, 50 proz. . . .	20	0,85	Oberfläche blau angelaufen, noch gut biegefähig
KOH, 50 proz. . . .	100	152,72	äußerst spröde
2 n-NaOH	20	0	unverändert
2 n-NaOH	100	0,34	Oberfläche braun angelaufen, sonst unverändert
NaOH, 25 proz. . . .	20	1,28	Oberfläche braun angelaufen, gegen Biegen unverändert
NaOH, 25 proz. . . .	100	59,63	äußerst spröde
NaOH, 50 proz. . . .	20	0,03	unverändert
NaOH, 50 proz. . . .	100	4,34	Oberfläche graublau angelaufen, wenig spröder
Ammoniak, 13 proz. .	20	0	unverändert
Ammoniak, 13 proz. .	100	0	unverändert
Ammoniak, 25 proz. .	20	0	unverändert
Ammoniak, 25 proz. .	100	0	unverändert
Bromwasser, gesättigt	20	0	unverändert
Bromwasser, gesättigt	100	0	unverändert
NaCl, gesättigt . . .	20	0	unverändert
NaCl, gesättigt . . .	100	0,09	Oberfläche schwach braun angelaufen, sonst unverändert

Lit.: *K. H. Kreuchen*, Chem. Fabrik 1937, S. 434. — Mineral Ind. 1934, S. 614. — *C. W. Balke*, Ind. Engng. Chem. 1935, S. 1166.

Ra.

Niresist, s. Gußeisenlegierungen u. legierter Stahlguß.

Nitrocelluloselacke, s. Schutzüberzüge.

Normung. Für eine sich oft wiederholende Aufgabe wird häufig die gleiche Lösung, mit zweckbewußter Absicht oder auch unbewußt, gefunden, in gleicher Ausführungsweise zur Anwendung gebracht und allgemein als Norm bezeichnet. Hierbei braucht es sich nicht nur um tatsächlich vorhandene Gegenstände zu handeln, die Normung kann sich vielmehr auch auf Vorschriften, Verfahren, Eigenschaften und andere nicht greifbare Sachen erstrecken. Das größte Anwendungsgebiet der Normung ist die Festlegung von oft verwendeten Teilen, von Werkstoffeigenschaften und von Vorschriften, nach denen derartige genormte oder ungenormte Teile hergestellt werden. Die Vereinheitlichung bezweckt und erreicht: leichtere Beschaffung der Rohstoffe und Halberzeugnisse, Verringerung der Zahl verschiedener Teile, größere Zahl gleicher Teile, Ausgleich der Saisonarbeit, Ermöglichung der Herstellung großer Stückzahlen, Vergrößerung des Genauigkeitsgrades und der Herstellungsgüte, Austauschbarkeit der Teile, Verringerung der Zahl der Modelle zur Herstellung von Gußteilen und aller anderen Werkzeuge und Geräte, Ermöglichung der Herstellung mit den wirtschaftlichsten Arbeitsverfahren, Vereinfachung der Lagerhaltung und der Ersatzteilbeschaffung, Verbilligung oder Verbesserung bei gleichem Preis gegenüber nicht genormten Erzeugnissen. Die Vorteile der Normung sind schon frühzeitig erkannt worden. Die erste größere Normungsarbeit war die Schaffung eines einheitlichen Gewindesystems durch *Whitworth* im Jahre 1841. Die Normungsbestrebungen wurden durch die großen Vereine und Verbände von Interessenten unterstützt. Auf diese Weise entstanden z. B.: Normen für Blech- und Drahtleeren, Normalprofile für Walzeisen, Einheitsfarben zur Kennzeichnung von Rohrleitungen, Normaltabellen für gußeiserne Muffen- und Flanschrohre, Vorschriften und Leitsätze des Vereins Deutscher Elektrotechniker. Fördernd wirkten ferner die Bedingungen von Großabnehmern, wie Eisenbahn, Heeresverwaltung, Post und private, große Unternehmungen. In Erkenntnis der wirtschaftlichen Vorteile schufen sich ferner einzelne Werke besondere Betriebsnormen. Immerhin bezogen sich diese Normungsarbeiten meist nur auf einzelne Industriezweige. Eine die gesamte Technik umfassende Normung wurde erst durch die Erfordernisse des Weltkrieges hervorgerufen. Im Mai 1917 wurde der Normalienausschuß für den deutschen Maschinenbau gegründet, der am 22. Dezember 1917 in den Normenausschuß der Deutschen Industrie umgewandelt wurde. Dieser hat sein Tätigkeitsgebiet ständig auch auf Gegenstände erweitert, die nicht mehr zum Bereich der Industrie zu rechnen sind, und nennt sich dementsprechend seit dem 6. November 1926 Deutscher Normenausschuß. Er ist ein reiner Zweckverband in Form eines eingetragenen Vereins, der nach bestimmten Grundsätzen in gemeinsamer Arbeit mit allen interessierten Gruppen, vorbereitet durch zahlreiche Ausschüsse, einzelne Normblätter herausgibt, die als Kennzeichen das gesetzlich geschützte Zeichen DIN tragen (Abkürzung für „Deutsche Industrie-Norm" oder auch für „Das ist Norm").

Der Deutsche Normenausschuß faßt die gesamte, im Deutschen Reich geleistete Normungsarbeit nach einheitlichen Gesichtspunkten zusammen. Die von ihm herausgegebenen Normen sind das Ergebnis freiwilliger Gemeinschaftsarbeit der Erzeuger, der Verbraucher des Handels und unter Mitwirkung der Behörden und der Wissenschaft. Es wird nur dort vereinheitlicht, wo die technische Entwicklung als abgeschlossen gelten kann und persönliche Ansichten nicht mehr ausschlaggebend sein können. Sämtliche Normentwürfe unterliegen der Überwachung durch eine besondere Prüfstelle, die die äußere Form, den Aufbau und die Abhängigkeit der Normen voneinander prüft. Der jeweilige Stand der Normung auf allen Gebieten wird durch ein halbjährlich herausgegebenes Normblattverzeichnis bekanntgegeben. Der Alleinverkauf der Normblätter erfolgt durch die Beuth-Vertrieb G. m. b. H. (früher Beuth-Verlag), Berlin SW 19. Der Deutsche Normenausschuß hat in seinem Normblattverzeichnis die Normblätter und Normblattgruppen nach der Dezimalklassifikation geordnet und damit diese allgemein als Ordnungsgrundlage für das deutsche Normensammelwerk eingeführt.

Die DIN-Normen kann man etwa in folgender Weise einteilen:
 I. Normen von allgemeiner Bedeutung.
   A. Grundnormen:
      1. Allgemeine Grundnormen (Formate, Einheiten und Formelgrößen, Bezeichnungen),
      2. technische Grundnormen (Normaltemperaturen, Bezugstemperaturen, Normungszahlen, Normaldurchmesser, Kegel, Rundungen, Passungen, Gewinde);
   B. Werkstoffnormen;
   C. Maßnormen (Bedienungselemente, Paßstifte, Niete, Schrauben, Muttern, Keile, Zahnräder, Triebwerke).
 II. Fachnormen (Armaturen, Rohrleitungen, Apparatewesen, Dampfkessel, Kältetechnik, Feuerwehrwesen usw.).

Der Arbeitsbereich umfaßt daher nicht nur die Festlegung von Formen, Abmessungen, Stoffeigenschaften, die Vereinbarung von Grenzen, innerhalb deren eine ausgeführte Größe von einem vorgeschriebenen Wert abweichen darf, die Vereinheitlichung von Prüfverfahren, Leistungsregeln und Gütenormen, sondern auch die Festlegung des Inhalts von Begriffen, Bezeichnungen, Kennzeichen, Typen, Lieferarten, Herstellungsverfahren, Betriebs- und Bedienungsvorschriften, Bau- und Sicherheitsvorschriften.

Als Träger der Normungsarbeiten sind die zahlreichen Fachnormenausschüsse zu betrachten, von denen hier der Fachnormenausschuß für Armaturen, der Fachnormenausschuß für chemisches Großapparatewesen der Dechema, der Fachnormenausschuß für Gasflaschen, der Fachnormenausschuß für Rohrleitungen und der Fachnormenausschuß für Nichteisenmetalle erwähnt seien.

Mittelbar haben zahlreiche weitere Normungsarbeiten für das Gebiet des chemischen Apparatewesens, wie beispielsweise die Normung der Dampftechnik durch Festlegung einer einheitlichen Druckreihe mit dem Genehmigungsdruck als Bezugsdruck entsprechend der Reihe der Nenndrücke für Rohrleitungen und die Normen des allgemeinen Maschinenbaus, Bedeutung.

Im chemischen Apparatewesen wurden zuerst Normen von der Fachgruppe für chemisches Apparatewesen (Fachema) des Vereins Deutscher Chemiker, allerdings nur für Laboratoriumsgeräte, aufgestellt, die als Fachnormen mit der Bezeichnung Denog veröffentlicht sind. Im Mai 1926 ist diese Fachgruppe selbständig gemacht und in die Deutsche Gesellschaft für Chemisches Apparatewesen e. V. (Dechema) umgewandelt worden, welche die Normung unter Mitarbeit aller beteiligten Kreise auch auf das Großapparatewesen ausgedehnt hat. Allerdings liegen die Verhältnisse im Großapparatewesen für die Normung schwieriger, da die technische Entwicklung hier zum Teil noch gar nicht abgeschlossen ist und die Anforderungen an die Apparate je nach den Betriebsverhältnissen sehr verschieden sind. Während die Normung ganzer Großapparate im allgemeinen heute noch nicht angängig sein dürfte, kann die Vereinheitlichung einzelner oft verwendeter Teile, wie Böden, Rohre, Stutzen, Schaugläser, Mannlöcher, säurefeste Ausfütterungen usw., erhebliche Vorteile erbringen. Bisher hat sich die Normung im Apparatebau für die chemische Industrie besonders auf Stutzen und Tragpratzen auf säurefestes Steinzeug, auf Kessel, Standgefäße, Turmteile, Lochplatten, Turills, Rohre, Formstücke für Rohrleitungen und Hähne ausgedehnt. — Auf dem Gebiete der Korrosionsermittelung sind gleichfalls Normungsarbeiten im Gange; s. *W. Wiederholt*, Chem. Fabrik 1936, S. 179; *F. Tödt*, Chem. Fabrik 1936, S. 178; *M. Werner*, Chem. Fabrik 1937, S. 494; *E. Rabald* in *Eucken-Jakob*, Der Chemie-Ingenieur, Bd. III, 2. Teil (Leipzig 1938, Akad. Verlagsges.).

Alle oben erwähnten Normen sind rechtlich rein privater Natur und sichern ihre Verbreitung nur durch die großen wirtschaftlichen Vorteile, die ihre Anwendung mit sich bringt. Neben diesen privaten Normen stehen die öffentlich-rechtlichen Normen, die teils auf dem Gesetzgebungs-, teils auf dem Verwaltungswege durch staatliche oder vom Staat eingesetzte Organe erlassen sind. Diese Normen sind zwingende Vorschriften, deren Nichtbefolgung mit Strafe bedroht ist. Derartige öffentlich-rechtliche Normen enthalten in Deutschland: die Dampffaßverordnung (s. Dampffässer), Polizeiverordnung über den Verkehr mit verflüssigten und verdichteten Gasen

(s. Gasflaschen), Mineralölverkehrsordnung (s. Behälter), Werkstoff- und Bauvorschriften für Landdampfkessel, Errichtungsvorschriften für Landdampfkessel, Acetylenverordnung, die Unfallverhütungsvorschriften der Berufsgenossenschaften und sonstige auf Grund der Arbeiterschutzgesetzgebung erlassene Vorschriften. Es können naturgemäß auch einzelne Normen privater Natur zu solchen des öffentlichen Rechts durch den Erlaß einer entsprechenden Vorschrift eines staatlichen Organs gemacht werden. So sind z. B. die DIN-Anschlußgewinde für Gasflaschen durch eine Polizeiverordnung zwingend vorgeschrieben.

Lit.: *W. Zimmermann, F. Brinkmann, E. Böddrich,* Einführung in die DINormen (4. Aufl., Leipzig 1936, Teubner). — DIN-Normblatt-Verzeichnis (Berlin, Beuth-Verlag). — *N. F. Harriman,* Standards and Standardisation (New York 1928. — *H. von Renesse,* Die Deutsche Werkstoffnormung (Berlin, Beuth-Verlag). — DIN-Bücher, (Berlin, Beuth-Verlag). — DIN-Taschentücher (Berlin, Beuth-Verlag). — *K. Gramenz,* Grenzen der Normung (Z. VDI 1927, S. 181).

Thormann.

Nutschen, s. Filter.

Oberflächenkondensatoren *(s. auch Kondensatoren, Mischkondensatoren, Kühler, Röhrenapparate).* Die Oberflächenkondensatoren verflüssigen Dämpfe aller Art durch Heranführen des Dampfstroms an gekühlte, zum Wärmeübergang geeignete Flächen, Übertragung der in den Dämpfen enthaltenen Wärme durch dünne Wandungen hindurch auf ein Kühlmittel und Sammlung der entstandenen Flüssigkeit auf dem Boden des Apparats. Man wendet sie dann an, wenn es sich darum handelt, aus anderen Apparaten kommende Dampfmengen oder einen Teil von ihnen zu gewinnen oder in einem dicht geschlossenen Raum eine Luftleere zu erzeugen und aufrechtzuerhalten. Gegenüber den Mischkondensatoren zeigen sie einige Nachteile, da sie teurer sind, mehr Kühlwasser verbrauchen und die großen Kühlflächen durch die Wirkung der Gase, die sich oft in den Dämpfen befinden, wie Ammoniak, Schweflige Säure und Kohlensäure, leicht beschädigt werden können. Bei der Wahl des Kondensationsverfahrens gibt man ihnen immer dann den Vorzug, wenn das Kondensat nicht mit dem Kühlwasser vermischt, sondern getrennt von ihm gewonnen werden soll, ferner wenn ein sehr hohes Vakuum erhalten werden soll, was mit den Misch- oder Einspritzkondensatoren schwerer möglich ist, da das Kühlwasser Gase gelöst enthält, die frei werden, wenn es unter Luftleere gebracht wird. Ferner werden alle wasserlöslichen, flüchtigen Stoffe, wie z. B. Lösungsmittel, in Oberflächenkondensatoren niedergeschlagen. Die Destillierapparate sind daher immer, die Verdampfer selten mit Oberflächenkondensatoren versehen. Da der Raum, in dem die Kondensation stattfindet, durch die Wärmeaustauschfläche vom Kühlwasserraum getrennt ist, können die Oberflächenkondensatoren unter jedem Druck (Vakuum als auch Überdruck) arbeiten.

Die Kühlfläche wird in Form von Schlangen, Rohrbündeln (s. Röhrenapparate), zylindrischen Zargen, Doppelrohren oder von Gebilden ausgeführt, die aus ebenen Elementen zusammengesetzt sind. Die Aufgabe, in einem kleinen

Raum möglichst große Kühlflächen unterzubringen, läßt sich mit Rohren am besten lösen. Mit Rohren ausgestattete Oberflächenkondensatoren findet man daher am häufigsten. Bei der Kondensation von Stoffen mit niedriger Verdampfungswärme haben sich besonders verschiedene andere Bauarten bewährt. In den Röhrenapparaten kann sowohl der Dampf durch die Rohre gehen und das Kühlwasser außerhalb derselben fließen, als auch der Dampf außerhalb der Rohre strömen und das Wasser durch die Rohre gehen. Läßt man den Dampf durch und das Kühlwasser um die Rohre strömen, so ist der Wärmeübergang besser. Bei der umgekehrten Anordnung wird die Reinigung leichter ermöglicht.

Die Oberflächenkondensatoren können so betrieben werden, daß sie nur die Dämpfe niederschlagen und daß das Kondensat sofort nach seiner Entstehung abfließt, wobei nur die Verdampfungswärme abzuführen ist, oder auch so, daß ein Teil des Kondensators noch mit Kondensat gefüllt ist, so daß dieses unter die Siedetemperaturen gekühlt wird, wobei außer der Verdampfungswärme auch noch ein Teil der Flüssigkeitswärme abgeführt werden muß.

Da die Dämpfe stets Luft enthalten, so reichert sich diese infolge der Kondensation der Dämpfe auf ihrem Weg durch den Kondensator an. Der Teildruck der Luft wird bei dem Durchgang der Dämpfe durch den Kondensator allmählich größer, da diese durch die Kondensation an Menge abnehmen. An der kältesten Stelle, wo der Teildruck der Luft am größten ist, muß die Luft, wenn der Apparat mit Überdruck arbeitet, ins Freie gelassen oder, wenn er unter Vakuum arbeitet, von einer Luftpumpe (s. d.) abgesaugt werden. Um diesen Vorgang möglichst günstig zu gestalten, wird meist Gegenstrom (s. Gegenstromapparate) angewendet. Man läßt z. B. bei Kondensatoren mit senkrechten Kühlrohren die Dämpfe oben eintreten, zieht unten das Kondensat ab, läßt dort das kalte Wasser eintreten und führt es oben erwärmt ab.

Der Wärmeübergang ist dem Unterschied zwischen der Temperatur des kondensierenden Dampfes und der des Kühlwassers proportional. Während die Dampftemperatur unveränderlich und durch den Druck gegeben ist, verändert sich die Kühlwassertemperatur, indem sie auf dem Wege des Wassers durch den Kondensator zunächst schnell, dann langsamer ansteigt. Da die Wassertemperatur nicht linear im Kondensator ansteigt, ist auch der mittlere Temperaturunterschied nicht durch das arithmetische Mittel zwischen Eintritts- und Austrittstemperatur, sondern durch

$$\vartheta_m = \frac{\vartheta_a\left(1 - \dfrac{p}{100}\right)}{\ln\dfrac{100}{p}}$$

gegeben, worin ϑ_a den größten und p den kleinsten Temperaturunterschied in Prozent des größten bedeutet.

Die Kühlwassereintrittstemperatur ist in der Regel durch das vorhandene Wasser gegeben, die Kühlwasseraustrittstemperatur muß um den geringsten Temperaturunterschied an der Wärmeaustauschfläche kleiner sein als die Temperatur des kondensierenden Dampfes. Dadurch ist die Gesamtwärme q, die 1 kg Wasser im Kondensator aufnehmen kann, gegeben. Kennt man die in der Zeiteinheit niederzuschlagende Dampfmenge G, so kann man die Kühlwassermenge W berechnen, die notwendig ist, um diese Dampfmenge niederzuschlagen. Beträgt der Wärmeinhalt des Dampfes i, bezogen auf die Kondensataustrittstemperatur, so ist: $W = Gi:q$.

Kennt man auch die Wärmedurchgangszahl α in kcal/m²·Grad·std, so kann man die notwendige Kühlfläche F in m² berechnen, die zum Niederschlagen der Dampfmenge G notwendig ist. Es ergibt sich: $F \doteq Gi:\alpha\vartheta_m$ in m². Hierin ist α von der Wasser- und Dampfgeschwindigkeit abhängig. Für Schlangen- und Röhrenapparate, durch die der Dampf strömt, kann man für kondensierenden Dampf nach *Hausbrand* setzen: $\alpha = 750 \sqrt[2]{v_d}\sqrt[3]{0{,}007} + v_f$, worin v_d die Geschwindigkeit des Dampfes beim Eintritt in den Kondensator (Eintrittsgeschwindigkeit) und v_f die mittlere Geschwindigkeit des Kühlwassers ist. Die hieraus errechneten Werte gelten für Messingrohre; für Eisenrohre sind die Werte um etwa 10 Proz. geringer anzunehmen. In den meisten Fällen wird man im Mittel etwa mit einem Wert von $\alpha = 500 - 1000$ für Kupferrohre sicher rechnen können. Für Stahlrohre ist ein Zuschlag von 10—20 Proz. notwendig. Für organische Flüssigkeiten sind die Wärmedurchgangszahlen niedriger. Sie betragen teilweise nur 25 Proz. der für die Kondensation von Wasserdampf geltenden Werte. Unter günstigen Umständen, wie hohen Geschwindigkeiten, lassen sich bei der Kondensation von Wasserdampf mit kupfernen Rohren Zahlen bis zu etwa 5000 und mit eisernen Rohren bis zu 3000 kcal/m²·Grad·std erreichen. Für waagerechte Rohre ist die Wärmedurchgangszahl größer als für senkrechte, wobei angenommen ist, daß der kondensierende Dampf die Rohre außen umspült. In großen Kondensatoren macht sich der Druckabfall infolge der zahlreichen Strömungswiderstände bemerkbar, so daß die Temperatur nicht überall gleich ist (s. auch *K. Hoefer*, Messung der Dampftemperatur in einem Oberflächenkondensator [Z. VDI 1937, S. 1284]). Die technisch höchsten Werte für die Wärmedurchgangszahl lassen sich nur erreichen, wenn die Austauschflächen rein sind, wie es bei einem neuen Apparat der Fall ist. Im Betrieb wird sich oft ein Belag einstellen, der den Wärmedurchgang stark vermindert und im voraus kaum bei der Berechnung eines Kondensators berücksichtigt werden kann. Durch höheren Luftgehalt im Dampf wird die Wärmedurchgangszahl stark herabgedrückt.

Einen kleinen Oberflächenkondensator, wie er an Vakuumtrocknern angewendet wird, zeigt Abb. 1529 (Devine, Vernon). Der Dampf tritt oben, das Kühlwasser unten ein. Die Luft wird unten abgesaugt. Das Kondensat wird auf einem Querboden unter dem Röhrenkörper gesammelt und fließt durch ein nach außen geführtes, absperrbares Rohr in den darunter liegenden Kondensationsbehälter. Durch ein Schauglas kann man an der ausfließenden Kondensatmenge den Verlauf des Trocknungsvorganges beobachten.

Einen Röhrenkondensator, wie er an Destillierapparaten zur Erzeugung des Rücklaufes angewendet wird, zeigt Abb. 1530. Hier strömt das Kühlwasser durch die Rohre, der Dampf außerhalb derselben. Der Dampf tritt oben ein, Kondensat und Restdampf mit den nicht kondensierbaren Gasen werden unten abgeführt. Das Wasser tritt unten ein und verläßt oben den Kondensator. Ein derartiger Apparat, der oben offen bleiben kann, läßt sich sehr leicht reinigen.

Um die Ausdehnung des Röhrenbündels zu ermöglichen und Wärmespannungen von ihm fernzuhalten, wird oft ein Rohrboden nicht mit der

Kühlerzarge verbunden, sondern für sich in Form einer besonderen Kammer
angeordnet, wie Abb. 1531 zeigt. Hier fließt das Kühlwasser außerhalb der
Rohre. Der niederzuschlagende Dampf tritt oben in die Rohrkammer ein.
Das Kühlwasser fließt von unten zwischen den Rohren hindurch nach oben.

Größere Kondensatoren werden vielfach mit waagerechten Rohren ausgeführt. Das Kühlwasser geht dann in zwei oder mehr Gängen durch die
Rohre; der Dampf strömt außen um die Rohre (s. auch die Darstellung eines
derartigen Apparates bei Vorwärmer [s. d.], wobei es sich um einen mit

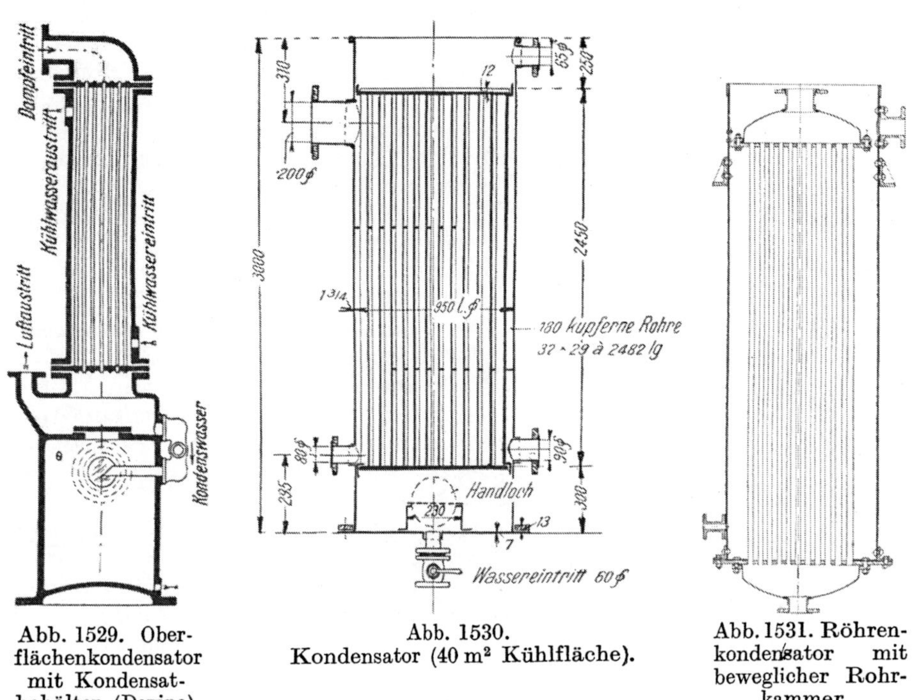

Abb. 1529. Ober-
flächenkondensator
mit Kondensat-
behälter (Devine).

Abb. 1530.
Kondensator (40 m² Kühlfläche).

Abb. 1531. Röhren-
kondensator mit
beweglicher Rohr-
kammer.

Dampf beheizten Vorwärmer handelt, der jedoch in seiner Bauweise einem
Kondensator sehr ähnlich ist).

An Kondensatoren mit waagerechten Kühlrohren werden diese bisweilen
so versetzt, daß das abtropfende Kondensat nicht auf die Mitte des darunter-
liegenden Rohres, sondern auf dessen Seitenfläche fällt, wobei dann drei Viertel
der Rohroberfläche von dem niederrieselnden Kondensat freibleiben (*Ginabat*-
Kondensator). Um den Dampf auf die Rohre möglichst gleichmäßig zu ver-
teilen, macht man durch Schaffung von Gassen den Weg des Dampfes überall
möglichst gleich lang, wobei man Wärmedurchgangszahlen über 4000 kcal/m² ·
std · Grad erhalten hat.

Einen Oberflächenkondensator, der nicht nur die Aufgabe hat, Dämpfe
niederzuschlagen, sondern der auch das Kondensat kühlt, zeigt Abb. 1532 (Christoph & Unmack, Niesky O.-L.). Die Kühlfläche wird hier durch zwei Zylinder
gebildet, die von den Dämpfen bzw. dem Kondensat in Schraubenlinien durch-
strömt werden, wobei es zweckmäßig ist, die Steigung der Schraubenlinien

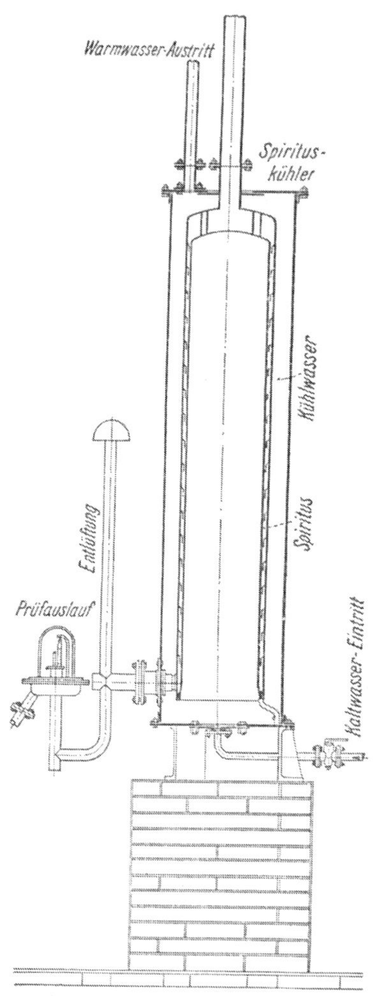

Abb. 1532. Zargenkondensator
(Christoph & Unmack).

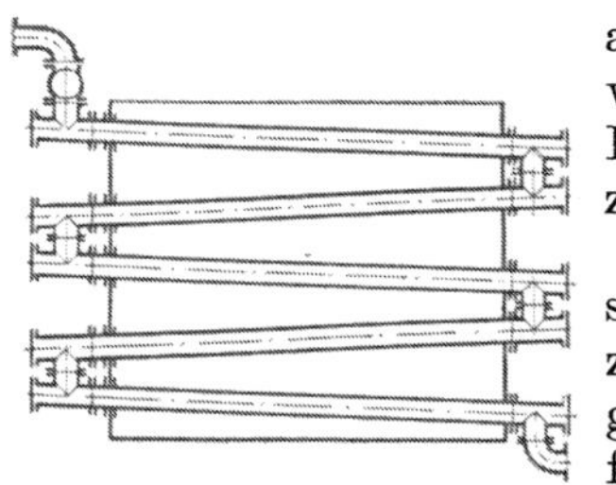

Abb. 1533. Kondensator für
Teerdämpfe.

nach unten abnehmen zu lassen. Diese sog.
Zargenkühler sind als Destillatkühler an
Maische-Destillierapparaten in der Spiritus-
industrie sehr beliebt, was teilweise wohl
an ihrem großen Wasserinhalt liegen mag, der
Schwankungen der ausströmenden Dampfmengen bei dem Kondensationsvorgang leicht
aufnehmen kann. Das Kondensat fließt
unten durch einen Prüfauslauf ab, an dem
auch das Entlüftungsrohr angeschlossen ist.
Derartige Kühler werden nach Erfahrungs-
daten überaus reichlich bemessen, da sonst
bei vorübergehenden Zunahmen der eintretenden Dampfmenge leicht Destillat-
dämpfe durch das Entlüftungsrohr ins Freie
gelangen und so verlorengehen könnten.
So rechnet man für derartige Spirituskühler
mit etwa 5—6 m² Kühlerfläche auf 100 l/std
erzeugten Sprit von 95—96 Vol.-Proz. und
mit 8—10 m² für die Fläche des Rücklauf-
kondensators (s. Destillierapparate).

Für kleine Leistungen führt man vielfach
die Kondensatoren als Schlangenkondensa-
toren aus, indem man eine Rohrschlange
in einen vom Kühlwasser durchflossenen
Behälter setzt. Die Schlangen können mit
mehreren ineinanderliegenden Windungen
von verschiedener Größe ausgeführt werden.
Im Kühlwasserbehälter ist unten ein Schlamm-
ablaß vorzusehen. Damit die Windungen in
gleicher Lage bleiben, werden sie an besonderen Haltern befestigt, wobei zu beachten ist,
daß weiche Rohrbaustoffe nicht zerdrückt
werden.

Besteht die Möglichkeit, daß sich in den
Schlangen hochsiedende Bestandteile fest-
setzen, so können die Rohre gerade durch
den Behälter geführt und die Rohrenden
außerhalb des Flüssigkeitsbehälters angeordnet
werden, wie Abb. 1533 mit einem Beispiel für einen
Kondensator zum Niederschlagen von Teerdämpfen
zeigt.

Für Stoffe, die zu Verstopfungen neigen, eignen
sich Kondensatoren, die aus Doppelrohren (s. d.)
zusammengesetzt sind. Die auf Abb. 1534 dargestellte Ausführung (Opitz & Kloz, Leipzig) ist
für die Kondensation von Dämpfen bestimmt, die
bei der Destillation von Lackrohstoffen, Harzen,
Firnis usw. entstehen. Die Dämpfe treten bei *A*

ein und durchströmen die vier wassergekühlten Rohrschenkel. Ein Gebläse C saugt die nichtkondensierbaren Bestandteile ab und drückt sie in eine Vorlage E. Die verflüssigten Bestandteile laufen bei H ab und sammeln sich in dem Gefäß D. Das bei F zufließende Kühlwasser strömt durch die Außenräume der vier Doppelrohre (s. d.) und verläßt warm bei G den Kondensator.

Ein in der Benzol-, Kokerei- und Ammoniak-Industrie besonders als Rücklaufkondensator von Kolonnen viel angewendeter Apparat ist der Wärmeaustauscher nach *Uhlmann*, Abb. 1535. Er besteht aus einer Anzahl übereinandergesetzter gußeiserner Platten, in denen Hohlräume angeordnet sind, durch die das Kühlwasser geleitet wird. Dieses wird durch außenliegende

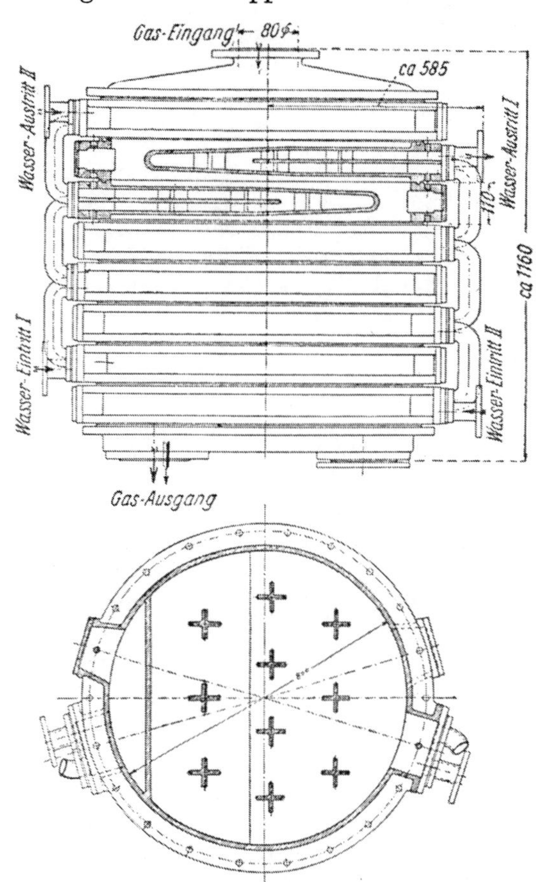

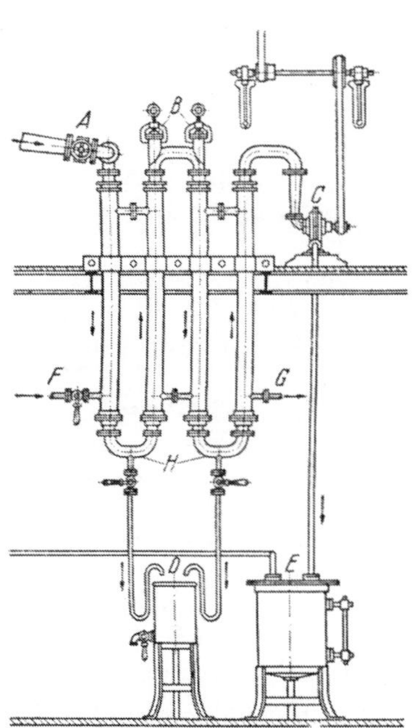

Abb. 1534. Doppelrohrkondensator für hochsiedende Flüssigkeiten (Opitz & Kloz).

Abb. 1535. Kondensator nach *Uhlmann*.

Krümmer von Platte zu Platte geleitet, während die Dämpfe außerhalb der Kühlelemente im Zickzackweg durch den Apparat gehen.

Dämpfe von hohen Temperaturen und von Stoffen mit geringen Verdampfungswärmen werden oft ganz oder teilweise in Luftkondensatoren niedergeschlagen, die meist aus einer Anzahl hintereinandergeschalteter, von Luft bespülter Rohre oder Behälter bestehen. Sie werden besonders bei der Destillation von Erdöl, Teeren, Glycerin, Fettsäuren und anderer hochsiedender Stoffe verwendet (s. auch Destillierapparate).

Lit.: *E. Hausbrand* u. *M. Hirsch*, Verdampfen, Kondensieren, Kühlen (7. Aufl., Berlin 1931, Julius Springer). — *J. F. Weiß*, Kondensation (Berlin 1910, Julius Springer). — *J. Sim*, Steam Condensing Plant in Theory and Practice (London 1925, Blackie & Sons). — *A. Wright*, Modern Practice in Steam Condensing (London 1925, Cockwood & Son). — *Robinson*, Condensing Plant (London 1926, Pitman). — *L. Heuser*, Eine neue Bauart von Oberflächenkondensatoren (Z. VDI 1924, S. 1121). — *M. Jakob*, Der Wärmeübergang an Kondensatorrohren (Z. VDI 1924, S. 423). — *L. Heuser*, Neue Versuche an Ginabat-Kondensatoren (Z. VDI 1925, S. 81). — *L. Richter*, Eigenschaften der Wasserstrahlluftpumpen für das Entlüften von Oberflächenkondensatoren (Z. VDI 1923, S. 1042).

Thormann.

Öfen *(s. auch Keramische Werkstoffe, Feuerungsanlagen, Beheizungsvorrichtungen, Einmauerungen, Röstvorrichtungen, Gasreaktionsapparate, Gasverbrennungsapparate).* Im allgemeinen erfolgt eine Verdoppelung der Geschwindigkeit chemischer Reaktionen bei einer Steigerung der Reaktionstemperatur um 10 Grad. Manche Vorgänge benötigen nur für ihren Beginn eine erhöhte Temperatur, andere Arbeitsweisen der industriellen Chemie brauchen eine Erhitzung während des ganzen Verlaufs oder nur für ihre Beendigung. Außer zur Durchführung chemischer Verfahren dient die Steigerung der Temperatur auch zahllosen physikalischen Arbeitsmethoden der gesamten Technik, wie Sinterung, Schmelzung, Lösung, Entglasung, Rekrystallisation usw. Der Umfang der Temperaturerhöhung und ihre Dauer hängt vom Einzelzweck ab und erfordert daher die verschiedensten Mittel. Handelt es sich um eine Erhitzung bis 100°, so dient im allgemeinen der Wasserdampf zur Erreichung dieses Zieles. Kann man aus Gründen des chemischen oder technischen Vorgangs Wasserdampf nicht direkt in das Reaktionsgemisch einblasen, so benutzt man das gleiche Erhitzungsmittel auf indirektem Wege, indem man seine Wärme durch geeignete Wandungen überträgt. Die grundsätzlich gleiche Methode dient auch der Technik, wenn die zu erreichende Temperatur über 100° liegt, und man daher als Wärmeträger gespannten Wasserdampf, hochsiedende Öle, niedrigschmelzende Metalle und Legierungen oder Sand benutzt. Auf diese Weise kann man Arbeitsprozesse bis zu etwa 400° ausführen. Handelt es sich um höhere Temperaturen, so muß man für die prinzipiell gleichen Zwecke graduell andere Mittel und Wege gehen. Vor allem muß als Hitzeträger in allererster Linie die Flamme selbst wirken, die bisher im allgemeinen nur indirekt der Erwärmung des Dampfes, des Metall-, Öl- oder Sandbades diente oder die zu kochende Flüssigkeit durch die Gefäßwandung erhitzte. Auch bei Erwärmung auf höhere Temperaturen unterscheidet man grundsätzlich, wie beim Kochen von Flüssigkeiten usw., direkte und indirekte Beheizung. Bei vielen Vorgängen kommt es nur auf die Erreichung bestimmter Temperaturen an; in diesen Fällen wird die Erhitzung nach der billigsten direkten Methode vorgenommen, die Feuergase durchstreichen das zu brennende Gut, bzw. man bringt dasselbe mit dem Brennstoff in direkte Berührung. Hierbei können außerdem noch chemische Vorgänge eintreten, die in gewissen Fällen mit Absicht herbeigeführt werden. Für andere Zwecke muß jede Einwirkung des Brennstoffs, der Flamme und der Verbrennungsgase ausgeschlossen sein. Man erhitzt dann, ebenso wie beim Kochen, indirekt und schützt das Brenngut durch „Muffeln'' bzw. durch Durchleiten eines Schutzgases. Eine weitere Entwicklung dieser letzten

Methode ist die Kombination der Erhitzung mit der Reaktion eines chemisch wirksamen Gases.

Von ausschlaggebender Wirkung für die zweckmäßigste Wahl der Erhitzungsvorrichtung, des „Ofens", ist auch die Form des Brenngutes und sein chemisches und physikalisches Verhalten bei der Temperatursteigerung. Wird der Brennprozeß einer Ware vorgenommen, die nach dem Brande die ursprüngliche bzw. die gleiche ihr vor der Erhitzung gegebene Form beibehalten soll, so wird man grundsätzlich andere Ofenkonstruktionen zu wählen haben als bei einem Produkt, dessen Gestalt nach der Erhitzung gleichgültig ist, bzw. das nach erfolgtem Brande vermahlen oder sonstwie formlos weiter verarbeitet wird.

Nicht nur von dem chemischen oder physikalischen Prozeß an sich, sondern auch von der Fabrikationsdisposition hängt die Wahl eines periodisch oder eines kontinuierlich arbeitenden Ofensystems ab. Bei den periodisch wirksamen Öfen besteht eine jahrtausendalte Entwicklung und Erfahrung, die jedoch bis zum heutigen Tage nicht abgeschlossen ist, während die kontinuierlich betriebenen Öfen sich erst seit einigen Jahrzehnten — mit dem in allen Industrien in gleicher Weise auftretenden Wunsche nach Rationalisierung, der Einführung der Fließarbeit — entwickelten. Heute gilt nicht mehr die Trennung der Benutzung der periodisch arbeitenden Öfen in Klein- und der kontinuierlichen in Großbetrieben, die eine Zeitlang die Entwicklung des Gaskammer-, Drehrohr- und Tunnelofens beherrschte; es ist vielmehr technisch sehr gut möglich, für jede, auch die kleine, regelmäßige Fabrikation stetig arbeitende Öfen zu schaffen, d. h. die Normalkonstruktion den Sonderbedürfnissen anzupassen.

Die Wahl der Ofeneinzelheiten für jeden Sonderzweck, wie direkte oder indirekte Beheizung, periodischer oder kontinuierlicher Betrieb, Reduktion, Oxydation bzw. chemisch reagierendes Gas usw. hängen ebensosehr von den besonderen Bedingungen der Fabrikation ab, wie von dem Produktionsumfang des Brenngutes, der Brenndauer und den Kosten des billigsten Brennstoffes, sowie von den übrigen örtlichen Bedingungen, so daß ganz allgemeingültige Regeln für die Ofenauswahl nicht zu geben sind. Man kann jedoch sagen, daß die heutige Ofenbautechnik alle zur Zeit auftretenden technischen Forderungen zu erfüllen vermag. Hierbei sind die Einzelarbeitsbedingungen von besonderer Wichtigkeit für den Ofenbauer, weil davon nicht nur die Ofenkonstruktion, sondern auch das Ofenbaumaterial abhängen.

Während bei niedriger Temperatur die Zahl der verwendbaren Werkstoffe relativ groß ist und zunächst nur durch die Forderung der Sicherheit gegen chemische Korrosion eine Einschränkung erfährt, wird die Auswahl bei steigender Temperatur immer kleiner und begrenzter, bis schließlich — außer Platin, Iridium usw. — nur noch die keramischen Fabrikate zur Verfügung stehen. Unter dem Gesichtspunkt der Verwendung keramischen Baumaterials sind eine Anzahl von Öfen bereits in dem Abschnitt Keramische Werkstoffe (s. d.) behandelt worden, und zwar Kiesröstöfen (S. 812, 813), Chromitröstöfen (S. 817), Wasserstoffgeneratoren (S. 812), Zellstoffkocher (S. 818), Öfen zur Herstellung von Blausäure (S. 812), Schwefel (S. 812), Schwefelkohlenstoff (S. 813), Salzsäure (S. 813, 814, 815), Soda (S. 815, 816), Schwefelnatrium (S. 816).

Für den Ausfall üblicher Gerätebaumaterialien bei höherer Temperatur spielt nicht nur die Unbeständigkeit vieler Werkstoffe bei Erhitzung an

Physikalische Eigenschaften

Masse	Spez. Gewicht	Raumgewicht	Porenraum	Porosität durch Wasseraufnahme	Druckfestigkeit	Zugfestigkeit	Biegefestigkeit	Elastizitätsmodul	Torsionsfähigkeit
			Proz.	Proz.	kg/cm^2	kg/cm^2	kg/cm^2	kg/mm^2	kg/cm^2
Baumaterialien:									
Ziegel, normal	1,4—1,6	1,85	—	8	—	—	—	—	—
Ziegelmauerwerk	1,6	—	—	—	—	—	—	—	—
Klinker	1,7—2,0	—	—	5	—	—	—	—	—
Hartbrandziegel	—	—	—	5—12	—	—	—	—	—
Klinkerplatten	2,4—2,5	2,1—2,2	—	—	—	—	—	—	—
Feuerfeste Produkte:									
Schamottemasse	—	—	—	—	—	—	—	—	—
Schamottehafenmasse	—	—	—	—	—	—	—	—	—
Spezialmasse	2,765	1,962	29,1	10,8	—	94	—	—	117
Magnesit	3,44—3,60	2,663	24—30	—	1037	122	246	8919	—
Kohlenstoffsteine	etwa 3	—	etwa 40	—	etwa 535	—	—	—	—
Norm. Schamottesteine	2,5—2,7	1,9	15—35	—	325	—	—	—	—
Spezialmasse	2,655	2,021	23,9	10,4	—	87	—	—	157
Silit	2,67—2,83	2,2	17,6	—	—	—	800—1200	—	—
Alundum	3,91	—	—	—	—	120	1085	—	—
Silicasteine	2,32—2,5	—	18—43	—	100	—	—	—	—
Siliciumcarbidsteine	3,1—3,2	—	etwa 30	—	—	—	—	—	—
Chromitsteine	etwa 4	—	etwa 10	—	—	—	—	—	—
Marquardtsche Masse	—	—	—	—	—	—	—	—	—
Spezialqualitäten:					Kaltdruck-festigkeit				
Supermullit	—	2,3	—	9,5	1000—1200	—	—	—	—
Edelmullit	—	2,2	—	12,2	750—1000	—	—	—	—
Sillimanit	—	2,0	—	16,0	650—800	—	—	—	—
Ba-Al-Silicatsteine	—	2,2	—	14,5	230	—	—	—	—
Sinterkorund	—	—	—	0	6000	—	—	—	—
Quarzglas	2,0—2,21	—	—	—	19 800	üb. 700	700	7200	300

[1]) Zwischen 17° und 200°.   [2]) Bei 200°.   [3]) Mittel zwischen 0 und 1000°.

sich die ausschlaggebende Rolle, sondern auch die eingangs geschilderte Reaktionsbeschleunigung bei Temperatursteigerung. Daher kommt es, daß Metalle, die gegen gewisse Reagenzien bei gewöhnlicher Temperatur eine außerordentlich große Widerstandsfähigkeit besitzen, von den gleichen Chemikalien bei erhöhter Temperatur in längerer oder kürzerer Frist völlig zerstört werden. Stoffe, die der Oxydation oder Reduktion unter Normalbedingungen beliebig lange widerstehen, reagieren häufig auf das Intensivste bei entsprechenden Temperatursteigerungen. Auch bei den keramischen Ofenbauwerkstoffen ist je nach Zweck und Temperaturhöhe eine entsprechende sorgfältige Auswahl zu treffen. Ganz allgemein pflegt man für chemische Reaktionen, bei denen die zu erhitzende Ware mit dem Ofenbaumaterial in direkte Berührung kommt, basische Schamottesteine für basische Vorgänge zu wählen, während für saure Operationen saure Steine am widerstandsfähigsten sind. Gutes keramisches Ofenbaumaterial darf, entsprechend richtig vermauert, weder wachsen, noch nachschwinden; ist jedoch dieser Vorgang durch die sonstigen Umstände bedingt, so muß hierauf bei der gebräuchlichsten keramischen Ofenbauwerkstoffe.

Kugeldruckfestigkeit	Schlagbiegefestigkeit (cm·kg/cm²)	Zähigkeit Trommelprobe (Gew.-Verl. in Proz.)	Härte: Sandstrahl-abnutzbarkeit (Verl. in cm³)	Härte: Skleroskop	Kegelschmelzpunkt (SK.)	Erweichungstemperatur unter Belastung (Grad)	Linearer Ausdehnungskoeffizient	Wärmekapazität spez. Wärme zwischen 17 und 100°	Wärmeleitfähigkeit kcal/m·std·Grad	Temperaturleitfähigkeit = Wärmeleitfähigkeit / (Dichte · spez. Wärme)	Isolationswiderstand in Megohm (= 1 000 000 Ohm)
—	—	—	—	—	—	—	—	0,189 bis 0,241	0,45	—	—
—	—	—	—	—	—	—	—	—	0,60	—	—
—	—	—	—	—	—	—	—	0,19	—	—	—
—	—	—	—	—	—	—	—	—	—	—	—
—	0,33	—	—	—	33	—	—	0,205	—	—	—
—	0,34	—	—	—	33	—	—	—	—	—	—
—	1,75	13,4	26,5	30	30	—	$5,5 \cdot 10^{-6}$	—	—	—	—
748	—	13,9	10,3	23—25	>36	etwa 1400	—	0,253[1])	0,396[2])	—	<137
—	—	—	—	—	>42	—	—	0,312[1])	—	—	—
—	1,7	—	—	—	32—35	1300	$1,6{-}5,7 \cdot 10^{-6}$	0,190	0,432[2])	—	<137
—	—	7,2	—	—	28	—	$6,7 \cdot 10^{-6}$	0,1850	—	—	—
—	—	—	5,5	—	—	—	—	0,19	—	—	—
—	—	—	—	—	—	—	$7,1 \cdot 10^{-6}$	—	—	etwa 1,44	—
—	—	—	—	—	33—35	1600—1700	—	0,219[1])	0,684[2])	—	<175
—	—	—	—	—	>42	>1700	$4,7 \cdot 10^{-6}$	—	8,64[3])	—	<127
—	—	—	—	—	—	etwa 1300	—	—	—	—	—
—	—	—	—	—	1820°	—	$5,2 \cdot 10^{-6}$	0,229	—	—	—
—	—	—	—	—	über 40	—	—	—	—	—	—
—	—	—	—	—	39	—	—	—	—	—	—
—	—	—	—	—	38—39	—	—	—	—	—	—
—	—	—	—	—	31	—	—	—	—	—	—
—	—	—	—	—	über 42	—	—	—	—	—	—
—	—	—	—	—	1725°	1500	$0,55 \cdot 10^{-6}$	0,18	0,26	—	—

der Konstruktion und im Aufbau in geeigneter Weise Rücksicht genommen werden. Die gleiche Berücksichtigung verlangt die normale Wärmedehnung des Ofenbaumateriales während des Brandes.

Nicht nur der Schmelzpunkt des keramischen Ofenbaumaterials ist von Wichtigkeit, sondern auch der Erweichungspunkt unter Druck, d. h. die Druckfeuerbeständigkeit. Alle diese physikalischen Eigenschaften der gebräuchlichsten keramischen Ofenbauwerkstoffe sind in der obenstehenden Tabelle zusammengestellt.

Zu den nicht allgemein gebräuchlichen, aber doch in steigendem Maße benutzten Materialien gehören eine Reihe von Oxyden, Carbiden und Nitriden, deren Schmelzpunkte wesentlich über den entsprechenden Ziffern von Schamotte, Dinas, Quarzglas usw. liegen.

Diese Verbindungen sind heute noch verhältnismäßig teuer. Sie finden daher nur dort Verwendung, wo andere Stoffe nicht mehr ausreichen. Handelt es sich nicht nur um den hohen Schmelzpunkt dieser Verbindungen, sondern auch um ihre besondere chemische Widerstandsfähigkeit im Einzelfall, so pflegt man auch hochwertige feuerfeste Steine vor dem Brande mit einer dünnen Engobeschicht aus diesen Schutzstoffen zu überziehen oder den fertigen Ofenbau mit einem Schutzanstrich zu versehen. In beiden Fällen — und auch unter zahlreichen anderen Ofenbaubedingungen — ist es zweckmäßig, die Steinfugen so dünn und schmal wie nur möglich zu gestalten. Dies erfordert häufig ein besonderes Nachschleifen oder eine geeignete Nacharbeit der Steine am Bauplatz.

Der zu verwendende Mörtel nähert sich im allgemeinen in seiner chemischen Zusammensetzung dem zu vermauernden Stein und wird zweckmäßig mit dem feuerfesten Material gemeinsam bezogen. Benutzt man hochwertige Anstrichmassen (Al_2O_3, ZrO_2, SiC usw.) zum Schutze der Schamottesteine, so ist es im allgemeinen auch zweckmäßig, die gleichen hochwertigen Schutzstoffe dem Mörtel einzuverleiben.

Als Brennstoff werden alle Brennmaterialien benutzt, und zwar neben Holz, Torf, Rohrbraunkohle, Braunkohlenbriketts, Steinkohle in allen Formen, Naturgas, Gas, Öl usw. selbstverständlich in großem Umfange der elektrische Strom. Die Wahl des Brennmaterials hängt zunächst von einem technischen und einem lokalwirtschaftlichen Moment ab. Je höher die zu erreichende Brenntemperatur ist, eine um so bessere Qualität muß der verwendete Brennstoff haben, und um so rationeller muß seine Ausnutzung erfolgen. Die höchsten Temperaturen sind schließlich nur im elektrischen Widerstands- oder Induktionsofen erreichbar. Das lokalwirtschaftliche Moment ist die Preisfrage: Was kosten die Kilowattstunde bzw. 1 000 000 WE aus Briketts, Nußsteinkohlen, Steinkohlenstaub, Gas usw. frei Verbrauchsstelle? Hierbei ist jedoch die Ausnutzungsmöglichkeit der Wärmeeinheit für den gedachten Zweck zu berücksichtigen, da es durchaus in dem Bereich der Möglichkeit liegt, daß der auf die WE umgerechnete billigere Brennstoff praktisch wirtschaftlich ungünstiger arbeitet als ein pro WE etwas teurerer, wenn sich dieser unter den gegebenen Verhältnissen besser verwerten läßt. In diesem Zusammenhang sei auf die Möglichkeiten der weitgehenden Ausnutzung der Abhitze, also Verringerung der hierdurch sonst bedingten Wärmeverluste durch Vorwärmung der Verbrennungsluft oder auch der Verbrennungsgase in Regeneratoren und Rekuperatoren, hingewiesen.

Nach diesen grundsätzlichen Feststellungen hat sich dann die Konstruktion der Feuerung zu richten, d. h. den Wünschen des Verbrauchers anzupassen.

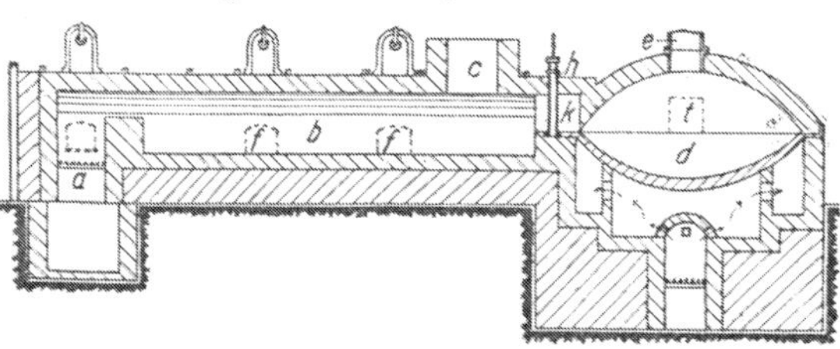

Abb. 1536. Pfannenofen.

Die Zahl der Gas- und Ölbrenner, der Staubkohlenfeuerungen und Feuerungsbauten für Kohlen usw. ist daher außerordentlich groß. Sie sind bei Feuerungsanlagen (s. d.) beschrieben. Ferner sei zur Ergänzung des nachfolgenden auf die unter Gasreaktionsapparate und Gasverbrennungsapparate gebrachten Angaben verwiesen.

Die nun folgende Beschreibung charakteristischer **Ofentypen** ist in periodisch und in kontinuierlich arbeitende Systeme gegliedert.

Ein typisches Beispiel für periodisch arbeitende Öfen ist der Pfannenofen (Abb. 1536), der z. B. in der Salzsäurefabrikation Verwendung findet.

Bei diesem Ofen erfolgt die Erhitzung des umzusetzenden, in einer aus feuerfestem Material bestehenden Pfanne befindlichen Gutes durch eine besonders unter der Pfanne angeordnete Feuerung; zum Auffangen der entweichenden Gase wird die Pfanne durch eine Schamottekappe überdeckt. Unmittelbar mit ihr zusammengebaut ist ein getrennt beheizter Calcinierherd, der allseitig mit Schamottesteinen ausgefüttert und mit Türen für die Bearbeitung des Herdgutes, das in bestimmten Zwischenräumen aus der Pfanne auf den Herd herübergestoßen wird, versehen ist. Bei der Bearbeitung des Calciniergutes von Hand auf der Herdplatte wird die Innenmauerung des ganzen Ofens stark mechanisch beansprucht, so daß hierfür ein auch mechanisch sehr hochwertiges Schamottematerial, in neuerer Zeit fast ausschließlich Siliciumcarbid-Steine, zur Verwendung gelangt.

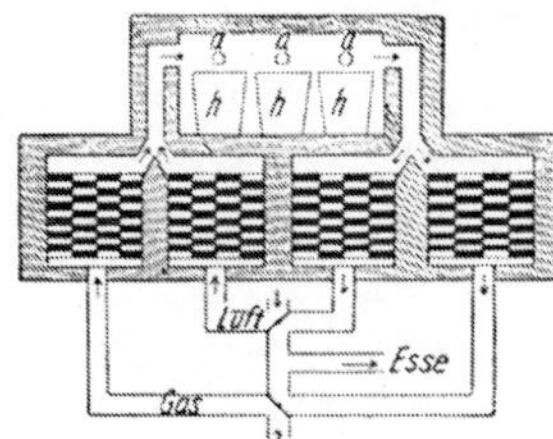

Abb. 1537. Hafenofen mit Regenerativheizung.

Ein absatzweise betriebener Ofen mit Gasbeheizung ist z. B. der in der Glasindustrie verwendete, aus tonerdereichem und daher besonders hochfeuerfestem Material bestehende Hafenofen, in dem das Niederschmelzen des eingebrachten Gemengesatzes für die Glasherstellung erfolgt. Bei dem in der Abb. 1537 dargestellten Beispiel handelt es sich um einen Ofen, bei dem das bei Koksöfen übliche und allgemein bekannte Regenerativbeheizungssystem angewandt ist. Unter den eigentlichen Ofenkammern ist ein Gitterwerk aus feuerfesten Steinen angeordnet, das von den Ofenabgasen durchstrichen und von ihnen erwärmt wird. Hierbei sind immer mindestens zwei solcher Regenerativkammern vorhanden, von denen die eine von den Abgasen, die andere von der Frischluft durchstrichen wird. Man erreicht dadurch eine weitgehende Vorwärmung der Verbrennungsluft und eine verhältnismäßig gute Ausnutzung der Abwärme. In bestimmten Perioden werden der Gas- und der Luftstrom von einer Kammer auf die andere umgestellt, so daß die Kammern immer auf annähernd gleicher Temperatur gehalten werden.

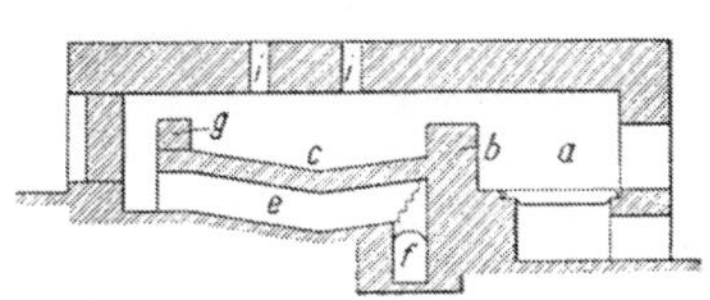

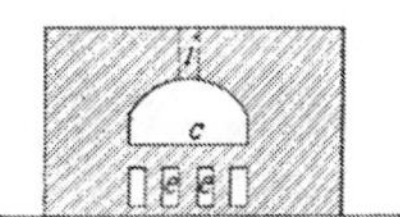

Abb. 1538. Wannen-Fritteofen für Glasuren.

a Feuerstelle, *b* Feuerbrücke, *c* Wanne, *e* Abzugskanäle, *f* Rauchkanal, *g* Abschlußmauer der Wanne, *i* Schütt löcher.

Ein typischer, absatzweise arbeitender Ofen ist auch der in der Abb. 1538 dargestellte Wannen-Fritteofen. Er besteht im vorliegenden Fall als Spezial-Glasurfritteofen aus einer aus feuerfesten Steinen gemauerten Wanne, über welche die Feuergase hinwegstreichen und hierbei das in die Wanne durch Löcher im Gewölbe eingeschüttete Gemenge zum Schmelzen bringen.

Ein älterer Vertreter des absatzweise arbeitenden Ofens ist der früher für keramische Zwecke viel verwendete Kasseler oder deutsche Ofen. Er besteht in seiner einfachsten, in der Abb. 1539 gezeigten Form aus einer rechteckigen, langgestreckten, durch ein Gewölbe abgewölbten Kammer, die durch eine vorgeschaltete Plan-,

Abb. 1539. Kasseler Ofen ohne Rost für Holzfeuerung mit rückwärtsbrennender Flamme.

Schräg- oder Treppenrostfeuerung beheizt wird. Die auf den Feuerungen entwickelten Heizgase durchstreichen das eingesetzte Brenngut von einer Seite des Ofens zur anderen in horizontaler Richtung und werden durch horizontale Rauchgaskanäle zu dem außerhalb des Ofens angeordneten Schornstein abgeführt. Der Ofen arbeitet nie gleichmäßig, da die Temperaturen in unmittelbarer Nähe der Feuerung höher sind als im entgegengesetzten nach dem Fuchs zu gelegenen Ende. Für manche Zwecke hat dies Vorteile. Im allgemeinen werden jedoch gleichmäßige Temperaturen des Brenngutes gewünscht. Daher wurden die Kasseler Öfen in steigendem Umfange, besonders in der keramischen und Ultramarinindustrie, durch runde und viereckige Öfen mit überschlagender Flamme ersetzt, und es wurden damit ausgezeichnete Ergebnisse erzielt. Solche Öfen werden entweder ein- oder zweistöckig gebaut und sehr verschieden benutzt. Bei ihnen steigen die Heizgase aus den Feuerungen in den äußeren Ofenteil durch sog. Flammschirme oder Feuerwächter rings im Ofenmantel nach der Mitte des Deckengewölbes zu auf und werden gezwungen, von hier nach der Ofensohle, die mit zahlreichen kleinen Öffnungen versehen ist,

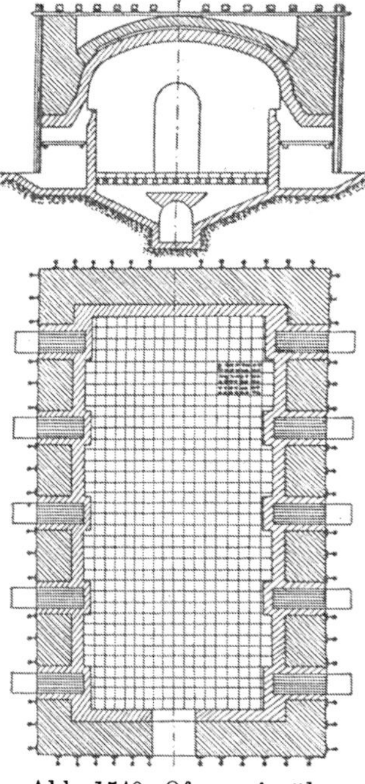

Abb. 1540. Ofen mit überschlagender Flamme.

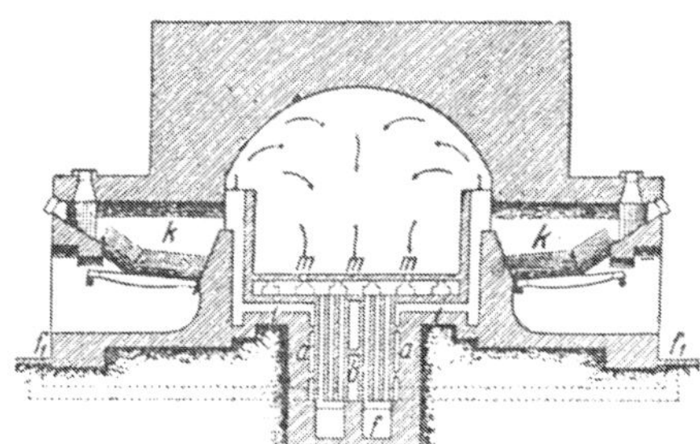

Abb. 1541. *Mendheim*-Ofen mit Abhitze-Verwertung.

abzuströmen. An diese Öffnungen ist ein Kanalsystem angeschlossen, durch das die Gase nach dem Schornstein oder durch Ventilatorzug abgesaugt werden. Die Beheizung dieser Öfen mit überschlagender Flamme erfolgt wie die des Kasseler Ofens durch Plan-, Schräg- oder Treppenroste. Ein typischer, viereckiger Ofen mit überschlagender Flamme ist in der Abb. 1540 gezeigt. Die Wirtschaftlichkeit der Betriebsweise dieser Öfen wird verbessert, wenn man Möglichkeiten zur Ausnutzung der Abhitze schafft. Dies geschieht entweder durch Einbau von Rekuperatoren, wie sie z. B. in der Abb. 1541 dargestellt sind, oder durch den Bau von zwei oder drei Öfen etagenartig übereinander bzw. kammerartig nebeneinander. Hierbei kuppelt man die einzelnen Kammern derart, daß die heißen Abgase des einen im Brande stehenden Ofens zum Vorwärmen des Einsatzes in dem zweiten Ofen benutzt werden. Derartige Öfen werden in zahlreichen Industrien verwendet, wobei die Einzelausführung stets dem Sonderzwecke angepaßt wird.

Ein speziell in kleinen Abmessungen besonders häufig benutztes Ofensystem ist das des **Muffelofens**, bei dem der Brennraum aus einem geschlossenen Raum, der sog. Muffel, besteht, der von den Feuergasen nur außen umspült wird, so daß das Brenngut mit den Feuergasen nicht in unmittelbare Berührung kommt (Abb. 1542). Derartige Muffelöfen werden in den verschiedensten Abmessungen, von der kleinsten Versuchsmuffel für Laboratoriumszwecke bis zum Großrundmuffel- und Tunnelofen, verwendet. Außer Schamotte verwendet man als Werkstoff für Muffeln von kleinen Abmessungen auch geschmolzenen Quarz wegen seiner hohen Temperaturwechselbeständigkeit und Schwerschmelzbarkeit. Daneben werden, wegen ihrer ausgezeichneten Wärmeleitfähigkeit, in steigendem Maße Muffeln aus Siliciumcarbid erfolgreich benutzt. Das Prinzip eines großen Muffelofens einfachster Art zeigen die Abb. 1542 und 1543 im Quer- und Längsschnitt. Die Muffel selbst besteht aus einzelnen mit Federn und Nuten ineinandergreifenden Schamotteplatten und ruht auf unmittelbar

über der Feuerung liegenden Gurtbögen. Die Feuergase umstreichen die Muffel von allen Seiten; sie beheizen hierbei sowohl den Boden, die Seitenwände wie auch die Decke der Muffel und ziehen durch eine Anzahl von Öffnungen im Deckengewölbe ab. Um die bei direkter Feuerung eintretenden hohen Wärmeverluste durch die Abgase zu vermeiden, erfolgt die Beheizung vorzugsweise mit Gasfeuerung oder Halbgasfeuerung, wobei man die Abhitze vorteilhaft zur Vorwärmung der Sekundärluft benutzt.

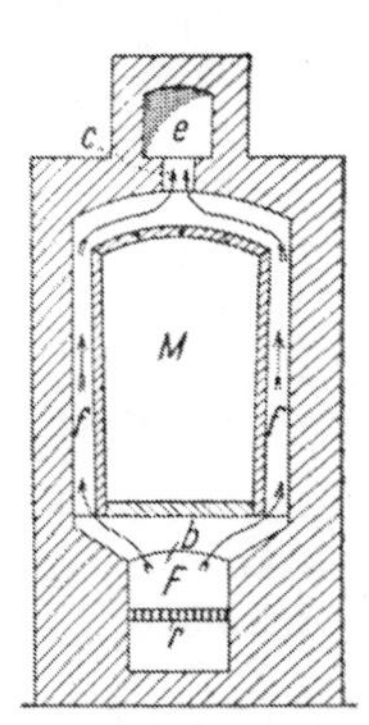

Abb. 1542. Muffelofen (Querschnitt).

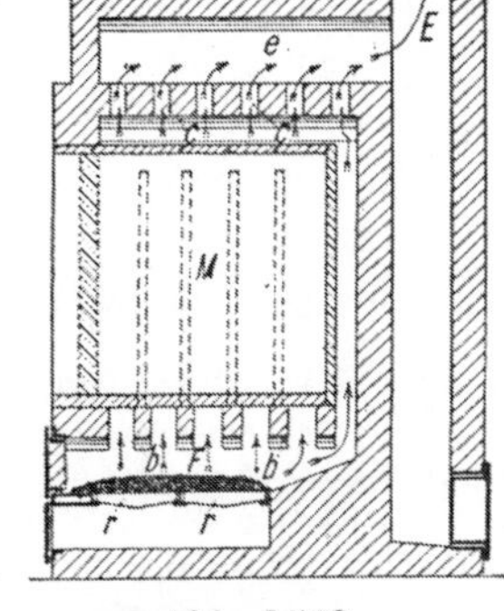

Abb. 1543. Muffelofen (Längsschnitt).

Schachtöfen verwendet man insbesondere zum Brennen von Bauxit, Kalk, Magnesit, Dolomit, Gips, Zement usw. Sie bestehen im Prinzip aus einem mit feuerfestem Material ausgekleideten senkrechten Schacht von entsprechender Höhe und geeignetem Querschnitt, der entweder durch außerhalb angeordnete Feuerungen verschiedenster Art oder in der Weise beheizt wird, daß man den Ofen mit Brenngut und Brennstoffen in abwechselnden Schichten beschickt. Hierbei besteht allerdings der Nachteil, daß das Brenngut unmittelbar mit der Kohle in Berührung kommt und leicht durch Brennstoffrückstände verunreinigt werden kann.

Das fertig gebrannte Material wird bei periodisch betriebenen Öfen nach Beendigung des Brennprozesses durch in dem unteren sich verengenden Ende angeordnete Ziehtüren ausgetragen.

Der Schachtofen wird bei geeigneter Konstruktion und Bedienung auch stetig betrieben. Hierbei wird die in der Abb. 1544 argestellte Schachtform angewendet. Es wird in der Weise gearbeitet,, dad das Brennmaterial und Brenngut schichtweise in den Schacht aufgegebenßwird, während das fertig gebrannte Material am unteren Ende des Ofens laufend und im allgemeinen mechanisch ausgetragen wird. Um bei solchen Öfen Betriebsstörungen

zu vermeiden, bringt man rings um den Brennschacht herum Schau- und
Stoßlöcher an, durch die man den Brennprozeß beobachten und ein etwaiges
Hängenbleiben des Brenngutes im Ofen beseitigen kann.

Das Innere eines stetig betriebenen Schachtofens läßt sich in drei Zonen
teilen. Zu oberst ist die Vorwärmezone, die Brennzone in der Mitte und die Kühlzone in dem untersten Teil des Schachtes. Sämtliche Teile werden allmählich von dem den Ofen durchrutschenden Material passiert. Selbstverständlich lassen sich Schachtöfen auch vorteilhaft mit Halbgasfeuerungen ausstatten, noch besser mit Vollgasfeuerung betreiben, wobei eine unmittelbare Berührung von Brenngut und festem Brennstoff vermieden wird. Das Gas wird in

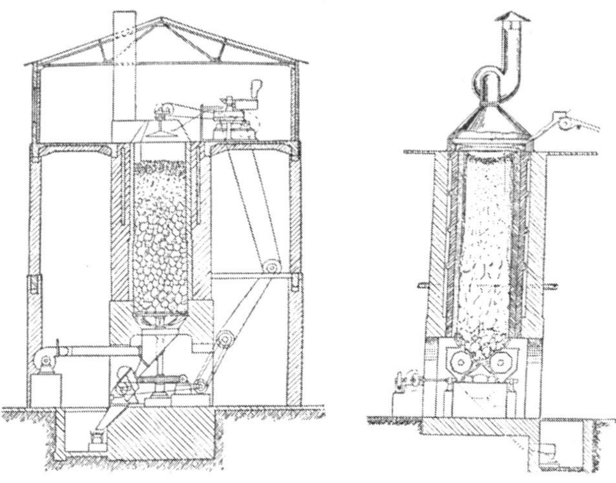

Abb. 1544. Schachtofen mit mechanischer Austragung für ununterbrochenen Betrieb.

diesem Falle zweckmäßig in einem kleinen, direkt am Fuße des Schachtofens eingebauten Festrostgenerator erzeugt, von dem aus es auf kürzestem
Wege ohne nennenswerten Wärmeverlust den Brennstellen zugeführt wird.

Gegebenenfalls wird auch der Gang des Ofens durch die Anwendung künstlichen Zuges gesteigert.

Die zur Zeit noch am meisten verbreiteten Vertreter der stetig betriebenen Öfen sind die Kammeröfen und die Ringöfen, von denen insbesondere die Ringöfen durch ihre Verwendung in Ziegeleien ganz allgemein bekannt sind.

Beide Arten von Öfen sind stetig arbeitende Öfen mit wandernder Brennzone, in denen von dem eingesetzten Brenngute immer nur der mittlere

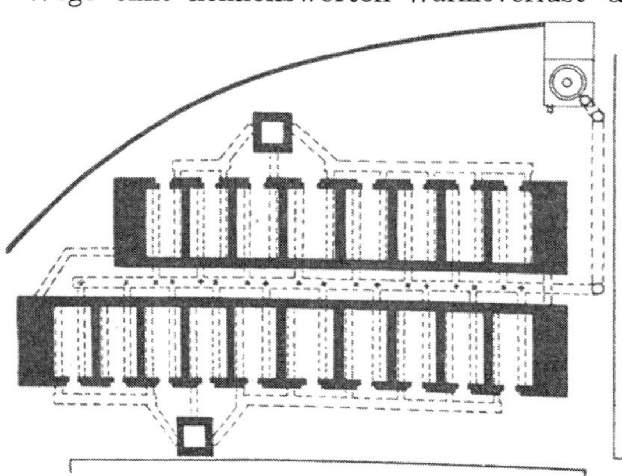

Abb. 1545. *Shaw*-Gaskammerofen (Grundriß).

Teil der Höchsttemperatur ausgesetzt wird, während in dem hinter der Brennzone liegenden Teil die Vorwärmung der Verbrennungsluft erfolgt und in
dem davorliegenden Teil die Vorwärmung des Brenngutes durch die heißen,
aus der Scharffeuerzone kommenden Verbrennungsgase stattfindet.

Der Kammerofen entsteht durch Aneinanderreihung von Einzelöfen, die
durch Zwischenwände voneinander getrennt sind und in der Regel durch Gas

beheizt werden. Die einzelnen Kammern sind durch Kanäle derartig miteinander verbunden, daß das Feuer von Kammer zu Kammer wandern kann. Zu beiden Seiten des Ofens sind im Erdboden die in der Regel aus Mauerwerk hergestellten Hauptgaskanäle angeordnet, die einerseits mit den Generatoren, andererseits durch Ventile mit jeder einzelnen Kammer in Verbindung gesetzt werden können. Der Rauchkanal befindet sich in der Regel in der Mitte des Ofens zwischen den beiden Kammerreihen. Ein moderner Gaskammer-

ofen dieses Prinzips von sehr vorteilhafter Arbeitsweise ist der in den Abb. 1545, 1546, 1547 dargestellte *Shaw*-Ofen.

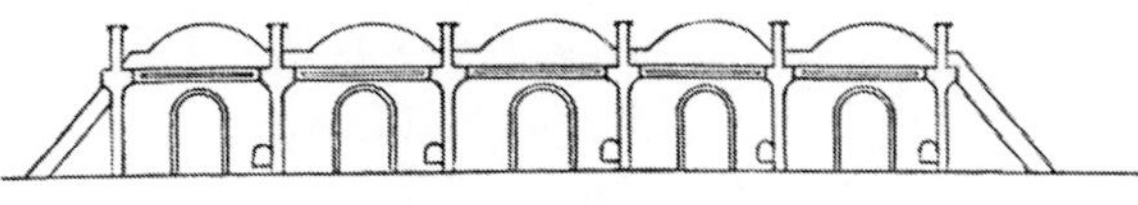

Abb. 1546. *Shaw*-Gaskammerofen (Ansicht).

Im allgemeinen befindet sich beim Kammerofen jeweils nur eine Kammer im Vollfeuer, die Sekundärluft durchzieht zunächst die bereits abgebrannten Kammern und wird hier vorge-

Abb. 1547. *Shaw*-Gaskammerofen (Schnitt).

wärmt. Die die Brennkammer verlassenden heißen Abgase dienen wieder zur Vorwärmung der davorliegenden Kammern und des eingesetzten Gutes.

Man kann stetig arbeitende Kammeröfen auch analog den oben beschriebenen Muffelöfen durch Einbau von Muffeln in die einzelnen Kammern so ausbilden, daß das eingesetzte Gut nicht unmittelbar mit dem Feuer in Berührung kommt. Die Betriebsweise ist hierbei die gleiche wie bei Kammeröfen ohne Muffeleinbau.

Im Prinzip ebenso wie die Kammeröfen arbeiten die stetigen Ringöfen (Abb. 1548), bei denen ebenfalls eine verhältnismäßig gute Ausnutzung der Abwärme und gute Vorwärmung der Verbrennungsluft durch den abkühlenden Einsatz und das Ofenmauerwerk stattfindet. Den ganzen Ringofen unterteilt man durch jeweils vorübergehend eingesetzte Schieber aus Blech oder Papier in einzelne Abteilungen oder Kammern, die man in der gleichen Weise wie beim Gaskammerofen durch Gas beheizen kann. Die größte Zahl der gebrauchten Ringöfen findet in Ziegeleien Verwendung und wird hierbei meist durch den von oben eingeschütteten, feinkörnigen Brennstoff beheizt, da bei der Ziegelbrenntemperatur die Kohlenasche noch nicht mit dem Brenngut zu reagieren pflegt und aus diesem Grunde nicht störend wirkt. Hierbei durchwandert das Feuer wie bei den Gaskammeröfen je nach fortschreitendem Abbrande den Ofen, so daß nach dem Garbrande der Brennzone die Feuerung an die Stelle der bisherigen Vorwärmezone rückt und die Garbrandzone zur Kühlzone wird. Die Verbrennungsluft tritt durch die für den Einsatz frischer Ware offenstehende Einsatztür der letzten Abkühlkammer ein und erwärmt sich vor ihrer Wirkung an dem heißen Brenngut, indem sie dieses abkühlt.

Abarten des Ringofens sind der stetig arbeitende Zickzackringofen (Abb. 1549) und der nur halbstetig betriebene Teilringofen.

Ein Nachteil der Ringöfen ist bei unmittelbarer Einstreuung des Brennstoffes die häufige Verunreinigung der Ware durch Anhaften und Festbrennen

von Flugasche, ganz besonders bei höheren Temperaturen. Man verwendet
in dieser Weise beheizte Ringöfen daher vor allem für Ziegel, Verblendsteine
und gelegentlich für Klinker mittlerer Qualität. Dagegen rüstet man Ringöfen zum Brennen von Gut höherer Qualität im allgemeinen ebenfalls mit Gas-

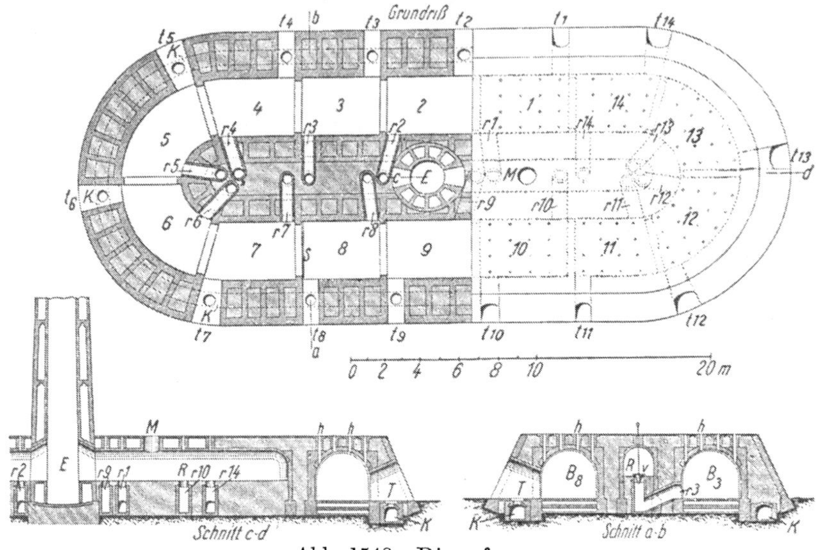

Abb. 1548. Ringofen.

B Brennkanal, aus den Abteilungen *1—14* bestehend, deren jede durch Türen *T* bzw. t_1 bis t_{14} von
außen zugänglich ist und durch den Rauchkanal *r* bzw. r_1 bis r_{14} mit dem Rauchsammler *R* durch Hebung
des Ventils *v* verbunden werden kann. *E* Schornstein. *S* Schieber zur Trennung der Abteilungen. *h* Heiz-
röhren zum Einwerfen des Brennstoffs.

feuerung aus, wobei allerdings der Vorteil des Gaskammerofens, der es ermöglicht, mit einer einheitlich oxydierenden oder reduzierenden Feueratmo-
sphäre zu arbeiten, nicht ebenso zuverlässig erzielt
werden kann. Man verwendet den Gasringofen für
den Brand von Dachziegeln aller Art, Fußbodenplatten,
Schamottesteinen und zum Glühen zahlreicher Chemikalien, Kalk, Magnesia usw.

Die modernste und rationellste Form aller stetig
arbeitenden Öfen stellt der Tunnelofen (Kanalofen)
dar, welcher im Gegensatz zum Kammer- bzw. Ringofen nicht in der Weise arbeitet, daß das Feuer den
Ofen durchwandert, wobei das Einsatzgut feststeht,
sondern bei dem umgekehrt die Feuerzone des Ofens
konstant an der gleichen Stelle bleibt und das Brenngut durch den Ofen bzw.
die Feuerungszone hindurchbefördert wird. Abb. 1550 zeigt einen solchen
Tunnelofen in Verbindung mit einer durch die Abhitze beheizten Trockenanlage im Grundriß.

Die Arbeitsweise des Tunnelofens ähnelt in dieser einen Beziehung der eines
Schachtofens. Das Gut wandert durch den horizontalen Brennkanal in entgegengesetzter Richtung zu den Feuergasen. Man stapelt hierbei das Brenngut
auf besonders konstruierte Wagen, die in gewissen Zeitabständen oder stetig

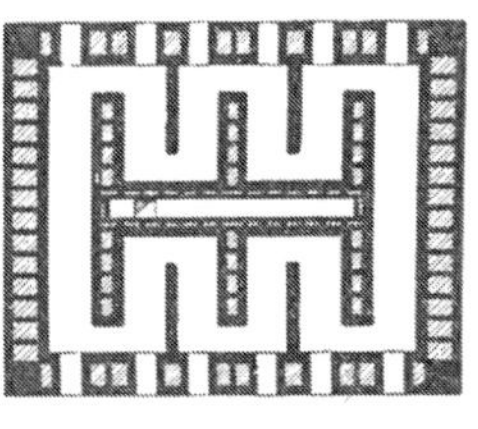

Abb. 1549.
Zickzackringofen.

durch den Brennkanal gefahren werden, hierbei zunächst die Vorwärmzone passieren und nach und nach in immer heißere Teile des Ofens gelangen, bis sie in die eigentliche Brennzone kommen, die im allgemeinen durch seitlich des Ofenkanals angebrachte Feuerungen für Kohle, Gas oder Öl, neuerlich auch elektrisch, beheizt wird. Gelegentlich benutzt man auch für Spezialzwecke wie beim Ringofen Schüttlochfeuerungen durch das Gewölbe. Nach Verlassen der Brennzone passiert das Einsatzgut Zonen abnehmender Temperatur und wärmt hierbei gleichzeitig die Verbrennungsluft vor, kühlt hierbei langsam

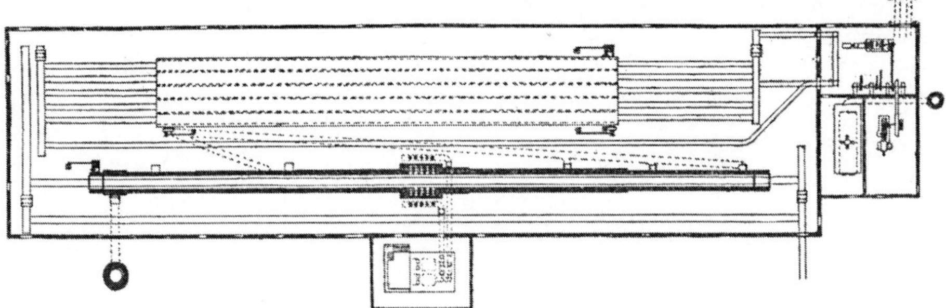

Abb. 1550. Tunnelofen mit durch Abhitzen beheizter Trockenanlage.

ab und gelangt ins Freie. Der ganze Kanal ist ständig mit beladenen Wagen gefüllt. Einen Querschnitt des Ofenkanals zeigt Abb. 1551. Für die Konstruktion des Tunnelofens von großer Wichtigkeit ist die Trennung des eigentlichen Brennkanals oberhalb der Wagensohle von dem unterhalb desselben liegenden Teile, in dem sich die Achsen und Räder des Wagens sowie die Schienen, auf denen die Wagen laufen, befinden, da sonst das Gestell der Wagen leicht durch das Feuer zerstört wird.

Ebenso wie alle anderen stetig arbeitenden Ofentypen läßt sich auch der Tunnelofen mit besonderem Vorteil mit Gasfeuerung ausrüsten, wobei man zur Vorwärmung der Sekundärluft die von den Wandungen des Ofens und des abkühlenden Brenngutes abgeleitete Wärme nutzbar zu machen pflegt. Der größte Vorzug des Tunnelofens, abgesehen von dem stetigen Betrieb, ist seine vorzügliche Wärmeausnutzung, die sich in einem äußerst geringen Brennstoffverbrauch im Vergleich zu anderen Ofensystemen auswirkt. Der Brennstoffverbrauch ist meist nur ein Viertel bis ein Drittel so groß wie beispielsweise bei periodischen Ofensystemen. Ein besonderer Vorteil des Tunnelofens gegenüber allen bisher beschriebenen Ofensystemen ist die Art der Beschickung mit Brenngut. Während bei allen geschilderten Öfen die zu brennende Ware im Innern des häufig noch heißen Brennraumes gestapelt wird und die Entleerung fast stets bei höheren Temperaturen erfolgt, vollzieht sich Einsatz und Aussatz des Brenngutes beim Tunnelofen stets bei normaler Raumtemperatur. Man kann den Tunnelofen für alle Spezialzwecke entsprechend ausbilden; beispielsweise läßt es sich durch Einbau einer in oder hinter der beheizten Zone liegenden Schleuse ermöglichen, das Brenngut hier der Ein-

Abb. 1551.
Tunnelofen (Querschnitt).

wirkung einer andersartigen Gasatmosphäre auszusetzen, eine Möglichkeit, von der man für die Erzielung besonderer chemischer Reaktionen oder beispielsweise zum Aufbringen der Salzglasur beim Brennen von Steinzeug Gebrauch macht. Ebenso ist es möglich, durch Ersatz des Ofengewölbes durch eine heb- und senkbare Hängedecke die Möglichkeit zu schaffen, den Querschnitt des Tunnelofens an den hierfür erwünscht erscheinenden Stellen der Brennzone zu verändern und hierdurch eine besonders vorteilhafte Feuerführung zu erzielen. Ebenso wie die anderen stetig betriebenen Öfen kann man natürlich auch den Tunnelofen mit einer Muffel ausrüsten, um eine unmittelbare Berührung zwischen Flamme und Brenngut zu vermeiden. Der Tunnelofen läßt sich bezüglich seiner Leistung und vielseitigen Verwendbarkeit weitgehend den verschiedensten Betriebsverhältnissen anpassen, wobei es häufig

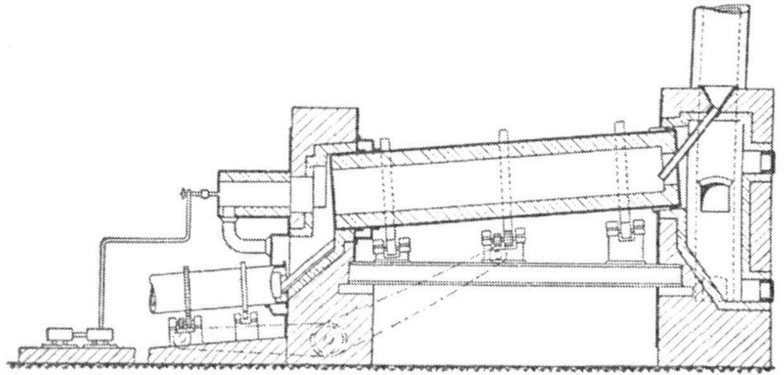

Abb. 1552. Drehrohrofen.

vorteilhaft sein wird, statt eines großen, mehrere Tunnelöfen kleinerer Abmessungen zu bauen, um den Betrieb etwaigen Konjunkturschwankungen gegenüber elastischer gestalten zu können. Als Transportmittel für das Brenngut durch den Ofen dienen je nach der Eigenart des zu behandelnden Gutes und der in Frage kommenden Leistung Brennwagen, die auf Schienen fahren, oder Brennschlitten, die entweder auf Kugeln laufen oder als endloses Transportband ausgebildet sind.

Auch der Drehrohrofen ist ein vollkommen kontinuierlich arbeitender Ofen, der in der Zementindustrie, Tonerdeindustrie und bei zahlreichen chemischen Vorgängen Anwendung findet (Abb. 1552). Der Drehrohrofen besteht aus einem eisernen Mantel, der mit Schamottefutter versehen und auf einer Reihe von Rollen gelagert ist. Er wird mit Hilfe eines Zahnkranzes und eines Getriebes in langsame Drehung versetzt, wobei das formlose Brenngut infolge der geneigten Lage des Rohres dem tiefer liegenden Austrag zuwandert. Die Beheizung des Ofens erfolgt auch hier im Gegenstrom, so daß also im unteren Teile des Ofens die höchste Temperatur vorhanden ist. Das durch die Drehung des Rohres selbsttätig ausgetragene, fertig gebrannte Material fällt in ein davorliegendes, ebenfalls rotierendes Kühlrohr. Die Beheizung erfolgt in den meisten Fällen durch Kohlenstaubfeuerung, gegebenenfalls auch durch Gas oder Öl. Besonders wichtige Anwendungsgebiete des Drehrohrofens sind die Portlandzement-Industrie, die Tonerdeindustrie (pyrogener Aufschluß von Bauxit, Calcinieren von Tonerde), Aufschluß von Chromerz usw.

In der Glasindustrie haben die Bestrebungen zur Schaffung eines stetig arbeitenden Ofens an Stelle des alten Hafenofens zur Konstruktion eines Glaswannenofens geführt, einer aus Schamottesteinen bestehenden Wanne, in die auf der einen Seite das Rohgemisch in kurzen Zeitabschnitten eingetragen wird und auf der anderen Seite der fertige Schmelzfluß stetig den Arbeitsöffnungen entnommen wird. Der in der Abb. 1553 gezeigte Ofen wird nach dem Rekuperationssystem beheizt, das vor der Regenerativheizung den Vorteil hat, daß eine Umschaltung der Kammern von Abhitze auf Frischluft und umgekehrt überflüssig wird. Bei der Rekuperation werden die Abgase in einem Röhrensystem im Zickzackwege dem Schornstein zugeführt, während kalte Luft in umgekehrter Richtung an den Röhren vorbeistreicht und so die Wärme aus den Abgasen aufnimmt.

Elektrische nichtmetallurgische Öfen. Elektrische Öfen, deren umfangreiche metallurgische Anwendung außerhalb des Rahmens dieses Werkes fällt, sind sehr wichtig auch auf anderen Gebieten, insbesondere in der chemischen Industrie. In gewissen Fällen ist die für die Reaktion erforderliche hohe Temperatur gar nicht anders als mittels des elektrischen Ofens erzielbar, in anderen Fällen bietet die elektrische Beheizung für die Ofenkonstruktion oder

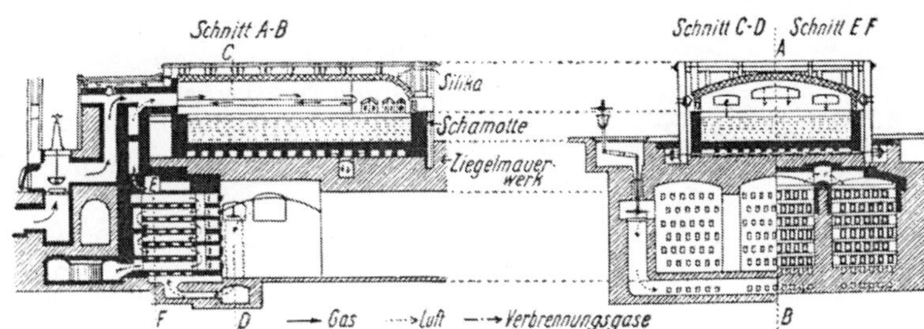

Abb. 1553.
Wannenofen für Flaschengas nach dem Rekuperationssystem (Bauart *Nehse-Dralle*).

für die Durchführung der Reaktion besonders günstige Möglichkeiten. Zu den Vorzügen des elektrischen Ofens gehört die genaue und einfache Regelbarkeit der Temperatur, der Ausschluß von Beeinflussung durch die Verbrennungsprodukte sowie die Möglichkeit, auch den Einfluß der Atmosphäre auszuschließen. Die erreichbare Temperatur ist eigentlich nur durch die Eigenschaften des Ofenbaumaterials begrenzt. Als obere Grenze kann man, in Lichtbogenöfen, etwa 4000° annehmen.

Das Anwendungsgebiet ist weit mehr durch wirtschaftliche Erwägungen, d. h. durch den Strompreis, als durch konstruktive Schwierigkeiten begrenzt. Es gibt Fälle, in denen technisch aussichtsreiche Vorschläge sich aus wirtschaftlichen Gründen nicht durchsetzen konnten; manchmal sind, z. B. für die Herstellung von Schwefelkohlenstoff, elektrische Öfen nur in Ländern mit billigem Strompreis in Betrieb, während man in anderen Ländern eine andere Beheizung vorzieht. In anderen Fällen, z. B. bei der Herstellung von Phosphor und Phosphorpentoxyd, tritt in demselben Land (in USA.) ein Wettbewerb zwischen dem elektrischen Ofen und dem Hochofen auf.

Die Umsetzung der elektrischen Energie in Wärme erfolgt durch den Widerstand, den ein leitender Körper dem Stromdurchgang entgegensetzt; es handelt sich also immer um eine Widerstandsheizung. Diese kann jedoch in sehr verschiedener Weise erfolgen:

A. Der Widerstand wird durch ein anderes als das zu beheizende Material gebildet:

1. Der Widerstand umgibt das Material (indirekte Wärmeübertragung, Röhrenöfen).

2. Der Widerstand ist in das Material eingebettet (direkte Wärmeübertragung).

B. Das zu beheizende Material bildet selbst den Widerstand; Zufuhr des Stromes durch Elektroden:

3. Das Material ist fest bzw. flüssig (sog. Elektrodenöfen).

4. Das Material ist gasförmig (Lichtbogenöfen; Glimmentladungen).

C. Das zu beheizende Material bildet selbst den Widerstand; Zufuhr des Stromes durch Induktion:

5. Das Material ist fest bzw. flüssig (Induktionsöfen).

Über die anzuwendende Stromart ist folgendes zu sagen: Ausschließlich Gleichstrom kommt in Betracht bei der Schmelzelektrolyse, wobei der Strom zugleich für die Beheizung und für die Elektrolyse dient. Ausschließlich Wechselstrom kommt in Betracht bei den Induktionsöfen, bei denen der hochgespannte Primärstrom, in der primären Wicklung eines Transformators fließend, in dem als sekundäre Wicklung angeordneten Gut den Sekundärstrom induziert. Bei allen anderen Konstruktionen ist prinzipiell sowohl Gleichstrom als auch Wechselstrom anwendbar. Gleichstrom hat jedoch den Nachteil, daß er nicht wie Wechselstrom in einfacher und wirtschaftlicher Weise auf beliebige Spannungen transformiert und aus dem gleichen Grunde nur mit größeren Verlusten auf weitere

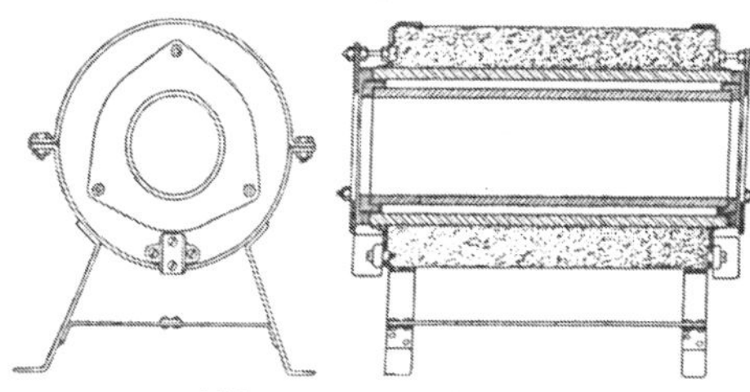

Abb. 1554. Rohrofen.

Entfernungen zum Verbrauchsort geleitet werden kann. Daher findet ganz überwiegend Wechselstrom (Ein- oder Mehrphasenstrom) Anwendung.

Nach der Spannung unterscheidet man Niederspannungs- und Hochspannungsöfen. Die ersteren reichen von etwa 40 V bis zu 140—180 V. Bei Hochspannungsöfen, die nur für Gasreaktionen verwendet werden, kann man bis zu 10000 V gehen. Für Glimmentladungen kommen sogar mehrfach höhere Spannungen in Betracht.

Je nach der angewandten Stromart, der Spannung, der Art des Betriebs (Blockbetrieb oder Abstichbetrieb, d. h. periodisch oder kontinuierlich), dem Ofenbaumaterial und der Größe, d. h. der Belastung der Öfen, ergibt sich eine große Mannigfaltigkeit von Konstruktionen. Ferner sind Einzelheiten, wie z. B. Elektrodeneinführungen, Beschickungs- und Entleerungsvorrichtungen, oft von entscheidender Bedeutung für den Wert des Ofens. Im folgenden können, ohne daß es möglich wäre, auf Konstruktionseinzelheiten einzugehen, nur einige typische Konstruktionen als Beispiele schematisch angedeutet werden.

1. Indirekte Widerstandsöfen werden für nichtmetallurgische Zwecke meist als Rohröfen ausgebildet und finden hauptsächlich Verwendung als Laboratoriumsöfen bzw. für Produktion in kleinem Maßstab. Der Widerstand kann in Drahtform auf keramischen Rohren aufgewickelt sein, wobei man bis 1000° mit Chrom-Nickel-Legierungen in oxydierender Atmosphäre, bis 3000° mit Molybdän oder Wolfram in reduzierender oder indifferenter Atmosphäre bzw. im Vakuum arbeiten kann. Abb. 1554 zeigt einen Rohrofen von Heraeus, Hanau, mit Wolfram- bzw. Molybdändrahtwicklung und Schutzgaszufuhr, der bis 1500° brauchbar ist.

2. Öfen, bei denen der Widerstand aus fremdem Material (Kohle, Graphit) in das zu beheizende Material eingebettet ist, dienen z. B. zur Herstellung von Siliciumcarbid aus Kieselsäure und Kohle. Ein solcher Ofen nach *F. A. J. Fitzgerald*, der in Abb. 1555 im Querschnitt und in Abb. 1556 im Längsschnitt dargestellt ist, ist aus am Boden gasdicht und isolierend ausgeführtem Mauerwerk hergestellt und z. B. 6 m lang und 3 m breit bei einer Kapazität von 1000 kW. In das Reaktionsgemisch aus Kohle, Sand, Koch-

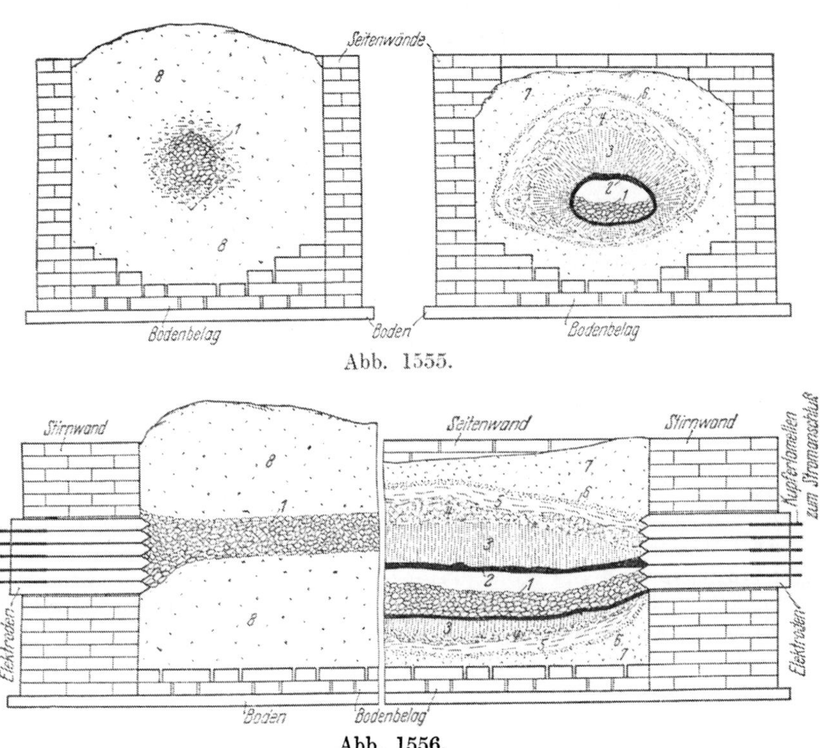

Abb. 1555.

Abb. 1556.

Abb. 1555, 1556. Siliciumcarbidofen nach *Fitzgerald* (Abb. 1555 Querschnitt; Abb. 1556 Längsschnitt. Links: vor dem Beschick, rechts: nach dem Beschick). (Nach *Ullmann*, Enzyklopädie der techn. Chemie, 2. Aufl., Bd. 9 [1932].)

1 Kern; *2* Graphit; *3* SiC grobkrystallinisch; *4* SiC feinkrystallinisch; *5* Siloxikon; *6* Kruste; *7* Mischung unverbraucht; *8* frische Mischung.

salz und Sägemehl ist ein aus Nußkohle bestehender Kern eingebettet, der seinerseits wieder eine Seele von graphitierten Kohlestückchen, die aus einer früheren Ofencharge stammen, enthält. Diese Öfen werden chargenweise betrieben, wobei man die Spannung von etwa 220 V auf 100—75 V herabregulieren muß, weshalb die Verwendung von Wechselstrom angezeigt ist.

Nach einem ganz ähnlichen Prinzip erfolgt die Herstellung von Elektrographit durch Erhitzen von Kohle und — in kleinerem Maßstab — von Quarzglas durch Schmelzen von Quarzsand.

3. Elektrodenöfen haben ein sehr vielseitiges Anwendungsgebiet. Abb. 1557 zeigt einen zur Erzeugung von Phosphor dienenden Ofen, der kontinuierlich

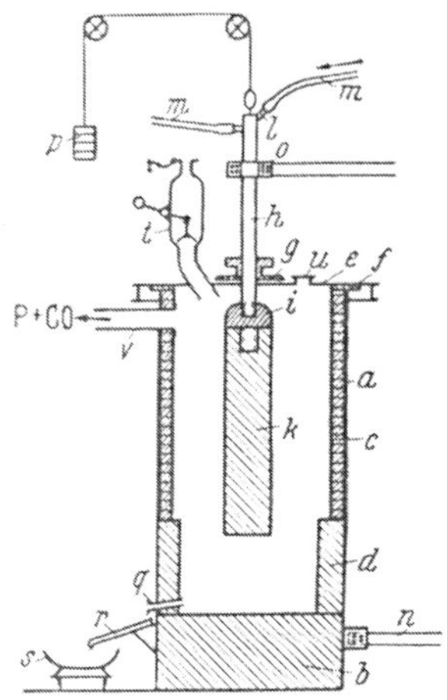

Abb. 1557. Phosphorofen.
(Nach *Ullmann*, Enzyklopädie,
2. Aufl., Bd. 8 [1931].)

a Eisenmantel; *b* Boden; *c* feuerfeste Mauerung; *d* Elektrodenblöcke; *e* Dekkel; *f* Asbestdichtung; *g* Helm und Stopfbüchse; *h* wasserdurchflossenes Kupferrohr; *i* Elektrodenkopf und Nippel; *k* Elektrode; *l* Wasserzuführung; *m* Gummischläuche; *n, o* Stromzuführung; *p* Gegengewicht; *q* Abstichöffnung; *r* Ablaufschnauze; *s* Pfanne, *t* Füllvorrichtung; *u* Schauloch; *v* Abzugsrohr.

betrieben wird, wobei man die Beschickung von Calciumphosphat, Sand und Kohle absatzweise zuführt und die Silicatschlacke, ebenfalls von Zeit zu Zeit, entfernt, während Phosphordampf und Kohlenoxyd oben entweichen. Ein solcher Ofen mittlerer Größe besteht aus einem Mantel aus Eisenblech mit äußerem Durchmesser 2 m und Höhe 4 m. Er ist mit feuerfesten Steinen ausgemauert, der Boden besteht aus gestampfter Elektrodenmasse. Die Elektrode ist an einem Gegengewicht beweglich angeordnet. Der Ofen arbeitet z. B. bei 60—90 V und gibt bei einer Belastung von 400 kW etwa 4000 kg Phosphor in 24 std.

Ein Elektrodenofen einfachster Bauart dient im Blockbetrieb zur Herstellung von Korund durch Schmelzen von Bauxit. Er besteht einfach aus einem Eisenmantel mit Kohleboden, in den die Elektroden eingesenkt und in dem Maße hochgezogen werden, in dem durch den entstehenden Lichtbogen die in Absätzen eingeführten Bauxitmengen zum Schmelzen kommen. Nach Beendigung wird der Mantel, der sich von der erstarrten Schmelze leicht loslösen läßt, hochgezogen und der auf Rädern laufende Herd mit dem geschmolzenen Block abgefahren.

Ein Elektrodenofen zur Herstellung von Schwefelkohlenstoff siehe Keramische Werkstoffe, Abb. 1079 (S. 813).

Sehr zahlreich sind die Konstruktionen von Elektrodenöfen, die zur Herstellung von Calciumcarbid durch Erhitzen von gebranntem Kalk und Kohle bestimmt sind. Auch hier handelt es sich wesentlich um ein Schmelzen, nämlich des Kalks, der dann mit Kohle unter Bildung von Carbid und Entwicklung von Kohlenoxyd reagiert. Die Entwicklung dieser Öfen hat vom Blockbetrieb zum Abstichbetrieb und ferner zur Herausbildung immer größerer Öfen geführt. Ursprünglich waren nur kleinere Einheiten im Betrieb, und vor nicht vielen Jahren galten Öfen von 8000 kW als groß. Heute sind Öfen mit 18000—27000 kW in Betrieb. Die Ofenspannung ist etwa 150 V und man erhält etwa 8,5 kg Carbid je kW/Tag. Abb. 1558 zeigt das Schema einer neueren Konstruktion, deren Einzelheiten aus der beigefügten Legende leicht zu verstehen sind.

4. **Lichtbogenöfen.** Auch bei den beschriebenen Elektrodenöfen spielt der Lichtbogen, wie dort angedeutet, eine Rolle. Lichtbogenöfen zur Erhitzung von Gasen sind in erster Linie zur Oxydation des Luftstickstoffs ausgebildet worden. Diese Fabrikation ist jedoch heute aufgegeben, da Salpetersäure wirtschaftlicher durch Oxydation von synthetischem Ammoniak erhalten wird. Es erübrigt sich daher, auf diese Konstruktionen einzugehen.

Glimmentladung dient zur Herstellung von Ozon (O_3) bzw. zur Ozonisierung von Sauerstoff oder Luft. Bei dem Vorgang handelt es sich jedoch nicht um eine Wärmewirkung, und die Einrichtungen sind daher nicht als elektrische Öfen anzusehen.

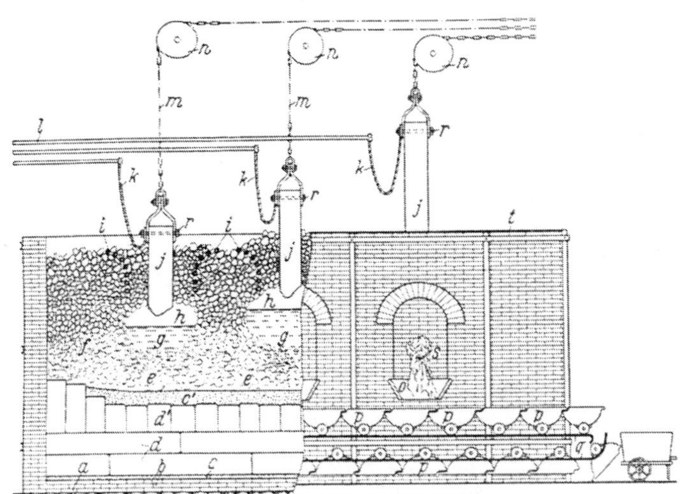

Abb. 1558. Schema eines Carbidofens. (Nach *Ullmann*, Enzyklopädie, 2. Aufl.,
Bd. 2 [1928].)

a Schicht sehr schlecht leitender feuerfester Steine, z. B. Diatomit; *b* 2 Schichten feuerfester Steine, z. B.
Schamotte; *c* und *c'* Kohlestampfmasse aus zerkleinerten Elektroden, Teer und Pech; *d* gute Elektroden,
längs gelegt; *d'* Elektrodenstumpen, kann auch Kohlestampfmasse sein; *e* ist geschmolzenes und wieder
erstarrtes Carbid, oft sehr rein; *f* gesinterte Mischung; *g* der Sumpf von geschmolzenem Carbid, aus dem
abgestochen wird; *h* der Raum, in dem der Lichtbogen zwischen Elektrode *j* und dem Sumpf spielt;
i quer durch den Ofen verlaufende Kühlschlangen; *k* bewegliche Stromzuleitung, aus vielen biegsamen
Kupferlamellen; *l* wasserdurchflossene starre Stromzuleitung; *m* und *n* Höhenregulierung der Elektroden;
o eiserne Abflußrinne; *p* Pfannen zum Auffangen des Abstiches, auf Schienen *q* laufend; *s* Abstichloch;
r gekühlter Bolzen zum Festschrauben der Elektrodenfassung; *t* Eisenarmatur des Ofens.

5. Der Induktionsofen ist für nichtmetallurgische Zwecke, soweit bekannt,
nur zur Herstellung von Calciumcarbid vorgeschlagen worden (DRP. 206175),
wurde aber wohl kaum aufgenommen und dürfte sich für größere Einheiten
nicht eignen.

Lit.: *F. Ullmann*, Enzyklopädie der techn. Chemie, Bd. 2, 8 und 9 (2. Aufl., Berlin
1928—1932, Urban & Schwarzenberg). — *H. von Jüptner*, Wärmetechnische Grund-
lagen der Industrieöfen (Leipzig 1927, Spamer). — *W. Trinks*, Industrielle Öfen (Ber-
lin 1931, VDI-Verlag). — *J. Billiter*, Elektrische Öfen (Halle a. S. 1928, Knapp). — *F. Singer*,
Die Keramik im Dienste von Industrie und Volkswirtschaft (Braunschweig 1923, Vieweg);
Der Tunnelofen (Berlin 1933, Tonind.-Ztg.). — *A. Bräuer*, *J. Reitstötter*, *H. Alterthum*,
Fortschritte des Chemischen Apparatewesens, Bd. 1: Elektrische Öfen (Leipzig 1936,
Akad. Verlagsges.). — *Koppers*, Handbuch der Brennstofftechnik (2. Aufl., Essen 1937,
Koppers).   Singer.

Lit. Chem. Apparatur: *Löwenstein*, Elektrische Hochtemperatur-Öfen (1924,
S. 146). — *J. Becker*, Elektrische Öfen zur Herstellung von Kalziumkarbid (1924,
S. 164). — *C. Ritter*, Die Salzsäure-Industrie und Drehofen zur Salzsäuregewinnung
(1924, S. 181). — *G. Haenisch*, Der Verschleiß an Gußeisenböden bei den mecha-
nischen Mennigeöfen (1926, Beil. Korr., S. 6). — *A. Bresser*, Ein neuer Ofen zur
Holzkohlenerzeugung (1928, S. 14). — *W. Jaekel*, Neuzeitliche Elektroschmelzöfen
(1937, S. 81).

Olivite, s. Gummi.

P

Packfong, s. Kupfer-Nickel-Legierungen.

Packungen, s. Dichtungen.

Palorium ist eine Platin-Gold-Legierung, die gegen Schwefelsäure beständiger als Platin angegeben wird. (Palo Co., Chem.-Ztg. 1927, S. 142.)

Ra.

Papier, Pappe und verwandte Erzeugnisse *(s. auch Hartpapiere).* Papier ohne chemische Weiterbehandlung (z. B. mit Chlorzink; s. Vulkanfiber) oder Imprägnation wird im chemischen Apparatewesen nicht verwendet. Über die mit Kunstharzen imprägnierten Hartpapiere s. d. Mit Bitumen imprägnierte Papierrohre zeigen selbst nach 100 jähriger Lagerung im Erdboden keinerlei Angriff oder Beschädigung. Gegen Leuchtgas und Wasser völlig beständig sind die Cellasa-Rohre (Cellulosepapier mit Asphalt imprägniert; *A. Lutz,* Z. VDI 1933, S. 1303). Diese Rohre sind bei innerem Durchmesser von 100 mm und einem Außendurchmesser von 120 mm für Drücke von 4 at in jeder Weise brauchbar (20 fache Sicherheit). Aus Papier hergestellte Gefäße können durch Tränken mit Öl, Paraffin, Wachs u. dgl. gegen Wasser und Salzlösungen widerstandsfähig gemacht werden (*Hoyer,* Tschechoslowak. Papier-Ztg. 1934, Nr. 35, S. 3; Nr. 36, S. 3). Mit Kittmassen oder hydraulichen Bindemitteln gemischte Papiermasse dient zum Dichten von Wasserrohren. — Die Verwendung von Pappe als Werkstoff für Dichtungsringe ist bekannt.

Lit.: *E. Rabald,* Werkstoffe und Korrosion II (Berlin 1931, Julius Springer); Dechema Werkstoffblätter 1935—37 (Berlin, Verlag Chemie).

Ra.

Parsons Manganbronze, s. Messinge.

Pendelmühlen, s. Fliehkraftmühlen.

Pergut, s. Schutzüberzüge.

Perkinsrohre, s. Rohrleitungen.

Perkolatoren. Um die wertvollen, teils flüchtigen, teils nichtflüchtigen Stoffe aus Drogen, bes. Kräutern, Früchten, Wurzeln, Blüten, Rinden, Hölzern usw., zu gewinnen, zieht man diese mit Hilfe eines flüssigen Lösungsmittels in Macerationsgefäßen (s. d.), in Digestoren (s. d.) oder auch in Perkolatoren aus. Sollen lediglich leichtflüchtige Bestandteile aus den Drogen entfernt werden, so verwendet man bes. in der Getränkeindustrie einfache Blasendestillierapparate (s. Destillierapparate, Abschn. 2 D, S. 185). Dabei bleiben die nicht- und schwerer flüchtigen Stoffe zurück, während die leichtsiedenden Bestandteile und der angereicherte Spiritus übergeht. Die Apparaturen zum Auslaugen großer Mengen bezeichnet man in der Regel nicht als Perkolatoren, sondern als Extraktionsapparate (s. d.) oder als Auslaugeapparate (s. d.).

Bei der Perkolation fließt das meist aus Alkohol, Sprit oder auch Äther bestehende Lösungsmittel langsam und stetig durch die in den Perkolator gebrachten Drogen. Damit das Lösungsmittel in gleicher Verteilung durch die Füllung des Apparates strömt, müssen großstückige Drogen in kleine Teilchen zerkleinert werden, bevor sie in den Perkolator gegeben werden. Man feuchtet sie bisweilen auch vor dem Einsatz an, damit sie schnell und gleichmäßig das eintretende Lösungsmittel im Apparat aufnehmen. Die Art des Lösungsmittels und die anzuwendende Menge richtet sich nach dem Verwendungszweck des Auszugs. Bei der Herstellung von Likören z. B. ist etwa die 2—5fache Menge Sprit von etwa 40—60 Proz. erforderlich.

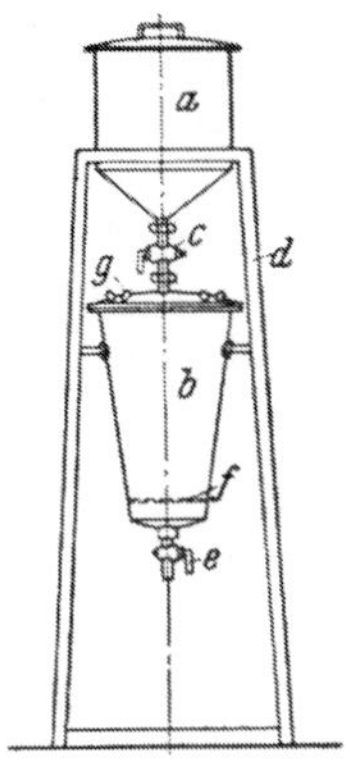

Abb. 1559. Perkolator.

Ein Perkolator (Abb. 1559) besteht aus dem eigentlichen, meist aus Kupfer oder verzinntem oder emailliertem Stahlblech hergestellten Perkolationsgefäß *b*, einem darüber angeordneten Vorratsgefäß *a* oder einer Glasflasche zur Speisung des Perkolationsgefäßes und einem Gestell *d*, das die beiden Gefäße trägt. Das meist mit einem kegeligen Mantel ausgeführte Gefäß enthält über dem mit einem Ablaufhahn *e* versehenen Boden ein Sieb *F*, das den Drogeneinsatz trägt. Oben ist das Gefäß mit einem Deckel *g* verschlossen, der durch ein Rohr über einen Zulaufhahn *c* mit dem Vorratsgefäß verbunden ist. Das Gefäß ist in der Regel in dem Gestell kippbar angeordnet, um es leichter entleeren und reinigen zu können. Um die Luft schnell aus dem Gefäß entfernen zu können, wird auf dem Deckel oft ein Entlüftungshahn vorgesehen. Damit sich der Ablaufhahn nicht durch sich absetzende Drogenteile verstopft, legt man vor die Ablauföffnung noch ein engmaschiges Sieb, etwas Glaswolle oder ein kleines Filter. Damit sich die eingefüllten Drogen bei dem Zufließen des Lösungsmittels nicht auflockern, legt man oben in der Regel noch ein Metallsieb oder eine Lochplatte auf. — Perkolationsgefäße werden für die Verarbeitung empfindlicher Drogen auch aus Steinzeug hergestellt (s. auch Keramische Werkstoffe, S. 848).

Die Perkolation geht so vor sich, daß man das Perkolationsgefäß, wenn es gefüllt und geschlossen ist, zunächst voll mit Lösungsmittel beschickt und dann einige Zeit stehen läßt, da das Eindringen des Lösungsmittels in die Zellen der Drogen und die Sättigung des Lösungsmittels mit den auszuziehenden Stoffen nur langsam vor sich geht. Ist ein ausreichender Gleichgewichtszustand erreicht, so läßt man durch Öffnung des Ablaufhahns das Vorperkolat langsam ablaufen. Entsprechend dem Abfluß läßt man dann frisches Lösungsmittel aus dem Vorratsgefäß zuströmen. Während dieses Vorgangs wird das Perkolat immer ärmer an den auszuziehenden Stoffen. In Abhängigkeit von der Zeit ergibt sich für den Gehalt an auszuziehenden Stoffen im Lösungsmittel etwa die auf

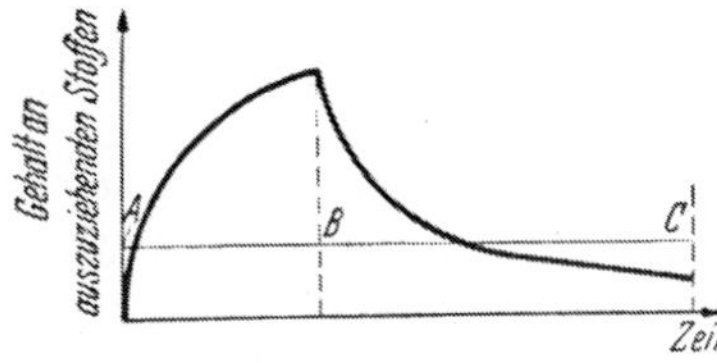

Abb. 1560. Verlauf der Perkolation in Abhängigkeit von der Zeit.

Abb. 1560 dargestellte Kurve. In der durch die Strecke *A—B* gegebenen Zeit ruhte das Lösungsmittel, in der durch *B—C* dargestellten Zeit fand die eigentliche Perkolation statt. Wenn auch die Gesamtmenge der auszuziehenden Stoffe etwa nach der in Abb. 1560 gezeigten Kurve verläuft, so ist damit über die Zusammensetzung des Auszugs an einzelnen Stoffen noch nichts festgelegt. In der Regel werden die am leichtesten löslichen Stoffe zuerst, die schwerer löslichen später ausgezogen.

Um eine bessere Anreicherung zu erhalten, kann man mehrere Perkolatoren nach Art einer Extraktionsbatterie hintereinanderschalten. Die einzelnen Perkolatoren sind durch absperrbare Leitungen miteinander verbunden. Da der Strömungswiderstand beim Durchdrücken des Lösungsmittels durch die Hintereinanderschaltung größer ist, muß das Zulaufgefäß entweder hoch auf-

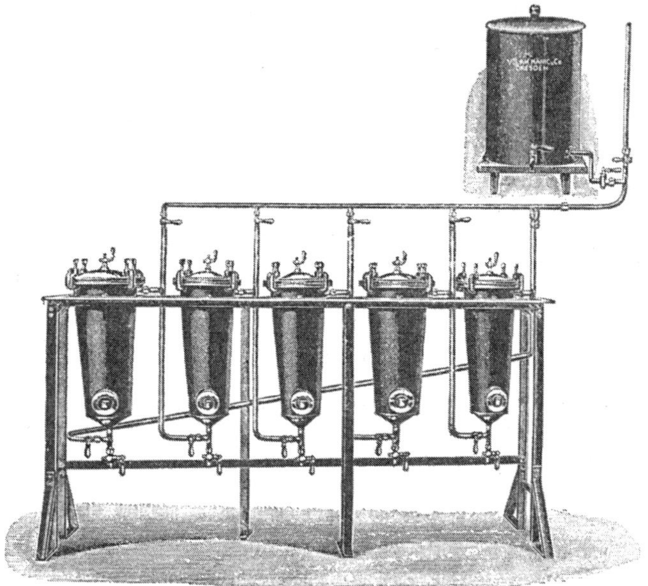

Abb. 1561. Perkolationsbatterie (Hänig).

gestellt oder durch eine Pumpe ersetzt werden. Eine solche Perkolationsbatterie mit 5 Gefäßen zeigt Abb. 1561 (Volkmar Hänig & Co., Dresden-Heidenau).

Bisweilen bezeichnet man den Auslaug- und Extraktionsbatterien ähnliche Großapparate auch als Perkolatoren (s. Auslaugapparate, Extraktionsapparate), so z. B. die Reaktionsgefäße für die Holzverzuckerung nach dem Verfahren von *Scholler*, wie es schematisch auf Abb. 1562 dargestellt ist (Aus der Welt der Technik 1935, Nr. 1). Dabei fließt mit Schwefelsäure schwach angesäuertes Wasser bei etwa 170 bis 180° bei einem Druck von etwa 8—10 at durch die Holzfüllung der mit kleinem Durchmesser ausgeführten Perkolatoren und nimmt den sich bildenden Zucker auf. In der Holzverzuckerungsanlage in Tornesch haben die Perkolatoren einen Gesamtinhalt von 65 m³, womit täglich bis zu 20000 t Holz bei Vollbetrieb verarbeitet werden können. Für größere Anlagen hat der einzelne Perkolator einen Rauminhalt von etwa 50 m³ bei einem Durchmesser von etwa 2,4 m und bei einer Höhe von etwa 14 m. Dabei kann er je nach der Feuchtigkeit des Holzstoffes 12—18 t Späne entsprechend etwa 10 t Holztrockenstoff aufnehmen. Der Stoff wird zunächst lose von oben in den Behälter geschüttet. Nachdem die Füllöffnung verschlossen ist, wird die Beschickung durch einen Dampfstoß zusammengedrückt. Dann wird ein- bis dreimal nachgefüllt und -gepreßt. Die Wärme des Preßdampfes geht dabei nur zu einem kleinen Teil verloren, da er, sich niederschlagend, die Füllung anwärmt. Bei trockenem und leichtem Stoff sind oft vier Füllungen erforderlich. Die Preßdrücke betragen dabei für feinen Stoff bis 2,8 at und für groben Stoff bis 4 at. Werden die Preßdrücke zu hoch gewählt, so wird der Strömungswiderstand der Füllung zu groß, so daß die Zuckerwürze zu langsam abläuft, wobei die Verluste durch Zersetzung von Zucker steigen. Zur Erleichterung des Entleerens sind die Perkolatoren im

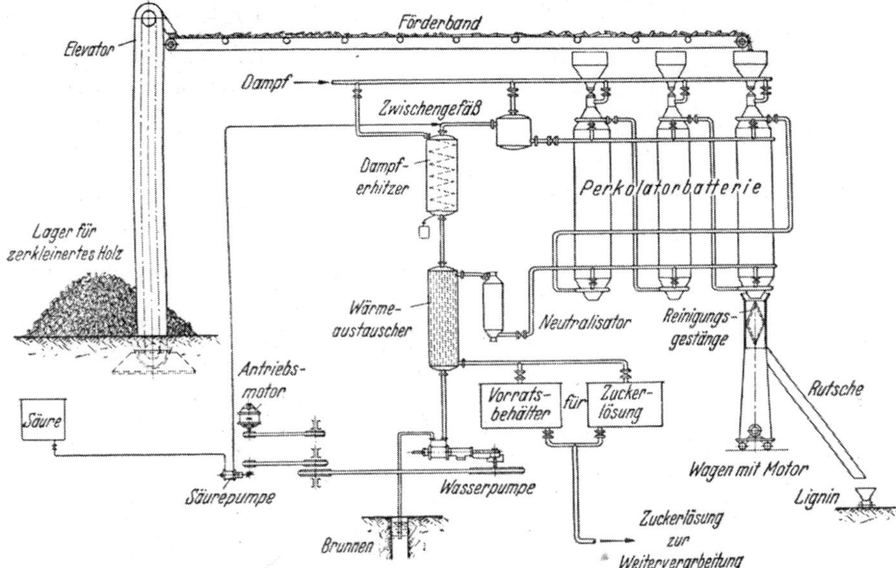

Abb. 1562. Perkolationsbatterie einer Holzverzuckerungsanlage.

unteren Teil stark verjüngt und mit einer weiten, durch eine Klappe verschlossenen Öffnung versehen. Zum Schutz gegen chemische Angriffe sind die Perkolatoren verbleit und mit säurefesten Steinen ausgemauert. — Ist die Füllung auf die Anfangstemperatur gebracht und der Perkolator ausreichend entlüftet, wird die Perkolierflüssigkeit schubweise eingelassen und dabei die Temperatur allmählich bis auf die Reaktionstemperatur gebracht. Um Zersetzungsverluste zu verhindern, darf eine Temperatur von 180° nicht überschritten werden. Die austretende Zuckerlösung strömt in Entspannungsgefäße, wobei sie sich stark abkühlt. Das als Rückstand im Perkolator übrigbleibende Lignin wird durch plötzliches Öffnen des unteren Verschlusses entleert, wobei der sich entspannende Wassergehalt den Stoff auseinanderreißt und in geräumige Zyklone oder Kammern geleitet, die unterhalb der Perkolatoren angeordnet sind. — Die Menge der anzuwendenden Perkolierflüssigkeit liegt bei Anlagen zur Herstellung von Futterhefe höher als bei den Anlagen zur Alkoholerzeugung. (Siehe auch *Krumbein*, RDT 1938, Nr. 12, S. 1.)

Lit.: *H. Wüstenfeld*, Trinkbranntweine und Liköre (Berlin 1931, Parey).

Thormann.

Perlit, s. Eisen-Kohlenstoff-Legierungen.

Pertinax, s. Hartpapiere.

Pfannen, s. Krystallisierapparate, Abdampfschalen.

Pferdehaare, s. Textilien.

p_H**-Meßvorrichtungen. Allgemeines.** Unter dem Wasserstoff-exponenten (Säurestufe, Säuregrad, abgekürzt p_H) einer wässerigen Lösung versteht man den negativen (Zehner-) Logarithmus ihrer Wasserstoff-ionenkonzentration, d. h. der Anzahl Grammatome Wasserstoffionen in 1 l Flüssigkeit. Eine Lösung, die, wie reinstes Wasser, bei 22° 1,008 g Wasserstoffionen (1 Grammäquivalent H·) in 10^7 l enthält, d. h. eine Wasserstoffionenkonzentration von 10^{-7} ($p_H = 7$) besitzt, heißt neutral. Ist die Wasserstoffionenkonzentration größer als 10^{-7}, der p_H-Wert also kleiner als 7, so spricht man von saurer, ist sie kleiner als 10^{-7}, der p_H-Wert größer als 7, von alkalischer Lösung. Da die meisten in wässeriger Lösung stattfindenden chemischen Reaktionen in ihrem Verlauf stark von der Wasserstoffionenkonzentration der Lösung beeinflußt werden, ist die Ermittlung des p_H-Wertes sowie seiner Änderung für

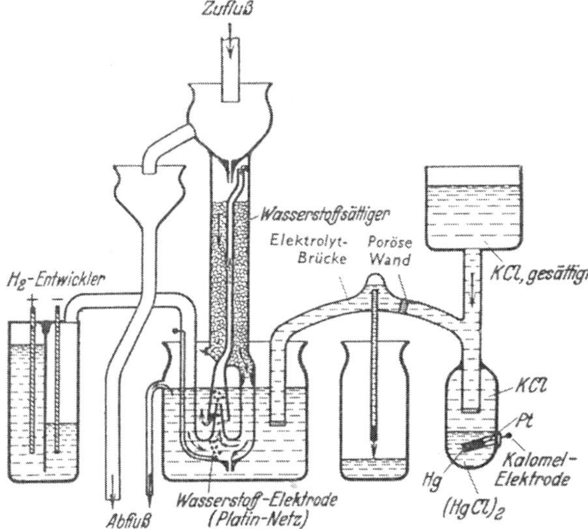

Abb. 1563. Siemens-Meßgerät für Aufzeichnung und Regelung des p_H-Wertes.

Die zu untersuchende Flüssigkeit wird mit Wasserstoff gesättigt und erzeugt an einer Platin-Wasserstoffelektrode ein Potential, das gegen eine Kalomelelektrode (unter Verwendung des Siemens-Kompensographen als besonders stromempfindliches Nullinstrument) gemessen wird. Die Anzeigeverzögerung beträgt etwa 1 min; das Gerät ist für sämtliche p_H-Werte verwendbar.
(Nach *Berl*, Chem. Ingenieur-Technik I [Berlin 1935, Julius Springer].)

die Erforschung und Leitung solcher Vorgänge von großer Wichtigkeit. Viele technische Arbeiten, z. B. Gerben, Brauen, Färben, Bleichen, die Gewinnung von Papier, Zellstoff, Zucker, Wein usw., die Galvanotechnik, laufen unter genauer Beobachtung und Regelung der p_H-Größen günstiger ab bzw. machen eine solche geradezu notwendig. Letzteres gilt besonders für physiologische und Fermentvorgänge, bei Wasser- und Bodenuntersuchungen.

Zur Ermittlung des p_H-Wertes können alle von der Wasserstoffionenkonzentration meßbar abhängigen Vorgänge dienen. Grundsätzlich beanspruchen zwei Verfahren Bedeutung für die Praxis: A. Das elektrometrische (potentiometrische) p_H-Meßverfahren und B. das kolorimetrische p_H-Meßverfahren (**Indikatormethoden**). Beide Verfahren sind meßtechnisch für Einzelbestimmungen weitgehend durchgearbeitet; die zur **laufenden** p_H-Ermittlung (und -steuerung) vorgeschlagenen Verfahren und Einrichtungen stehen noch im Entwicklungsstadium (*Splittgerber*, Ergebnisse der angew. physik. Chem., Bd. IV (1936), S. 169; *Tödt*, Chem. Fabrik 1937, S. 121). — Es sei besonders hervorgehoben, daß ein p_H-Wert nicht etwa durch Titration einer (sauren oder alkalischen) Lösung bestimmbar ist. Denn beim Titrieren greift man in ein Dissoziationsgleichgewicht ein, verschiebt es dauernd in der Weise, daß die Dissoziationsprodukte vom zugesetzten Titriermittel verbraucht

werden, wieder nachdissoziieren und so fort: wir ermitteln also auf diese Weise (etwa in einer Säure) die Menge der sämtlichen, überhaupt verfügbaren Wasserstoffionen (die „potentielle" Acidität). Im p_H-Wert messen wir aber nur die jeweils gerade herrschende Wasserstoffionenkonzentration der Lösung (die „aktuelle" Acidität), wobei wir sehr darauf bedacht sein müssen, die zu messende Größe durch den Messungsakt selbst unangetastet zu lassen.

Die einzelnen Meßeinrichtungen. A. Die elektrometrischen p_H-Bestimmungsverfahren laufen auf eine Messung elektromotorischer Kräfte (Potentialdifferenzen) hinaus; sie sind für klare, farbige, trübe oder breiige Untersuchungsmedien verwendbar. Der Grundgedanke ist folgender: Man bringt in die zu untersuchende Lösung eine („richtig ansprechende") Elektrode (die Meßelektrode), und verbindet dieses „Halbelement" aus Lösung und Meßelektrode elektrolytisch mit einer zweiten, stets unverändert bleibenden, der sog. „Bezugs- oder (Vergleichs-)Elektrode". Die Pole dieser einem galvanischen

Abb. 1564. Pehavi-Meßgerät (Hartmann & Braun).

Element vergleichbaren Anordnung (der sog. „Meßkette") liefern eine Spannungsdifferenz, aus der nach der *Nernst*schen Grundgleichung der Elektrochemie die Wasserstoffionenkonzentration (also auch p_H) der zu untersuchenden Lösung berechnet wird. Grundsätzlich bestehen also alle elektrometr. p_H-Meßeinrichtungen aus zwei Teilen: 1. aus der Elektrodenanordnung zur Erzeugung der vom p_H bestimmten Potentialdifferenz (vgl. Abb. 1563), 2. aus der Vorrichtung zum Messen derselben (vgl. Abb. 1564). Als Meßelektroden kommen besonders die Wasserstoff- und die Chinhydronelektrode (vgl. Abb. 1565) in Betracht, für Einzelmessungen im Laboratorium sowohl als für fortlaufende p_H-Messungen im Betriebe. Die Wasserstoffelektrode, als Beispiel einer Gaselektrode, kommt folgendermaßen zustande (vgl. Abb. 1563): Ein Platinblech (oder -stift), das an seiner Oberfläche mit Platinschwarz (sehr fein verteiltem Platin) bedeckt ist, wird in die wasserstoffionenhaltige Lösung gebracht und mit reinstem Wasserstoffgas bespült. Das Wasserstoffgas löst sich im Platinschwarz auf, wobei eine teilweise Spaltung der Wasserstoffmolekeln in Wasserstoffatome eintritt. Eine derartige Elektrode verhält sich so, als bestünde sie aus einer metallischen Form des Wasserstoffs. Als „Normalwasserstoffelektrode" definiert man eine Elektrode, bei der das Platinblech von Wasserstoff von 1 at abs bespült wird und in eine an H-Ionen 1-normale Lösung taucht; man erteilt ihr willkürlich das Potential Null. Die Anwendung der Wasserstoff- und Chinhydronelektroden erfordert dauernde Zusätze (Zuleiten von reinem Wasserstoff bzw. Zugabe von Chinhydron), liefert aber recht gute Werte (auf 0,02—0,01 p_H-Einheiten genau). Gleichfalls gute Ergebnisse lassen sich mit der (allerdings am meisten temperaturabhängigen) Antimonelektrode, zumal auch im (schwach) alkalischen Gebiet und bei Anwesenheit von „Elektrodengiften" (Cyaniden, Sulfiten usw.), erreichen; die hierbei erzielte Genauigkeit (0,1 p_H-Einheiten) ist für Betriebsmessungen vollauf genügend. Die Antimonelektrode bedarf keiner Zusätze, jedoch guter Wartung (öfteres Erneuern der Oberfläche). Für starke Oxydations-, Reduktionsmittel oder Elektrodengifte enthaltende Lösungen kann die Glaselektrode verwendet werden; notwendig ist hierzu jedoch ein hochempfindliches Galvanometer als Nullinstrument. Namentlich bei kleinem Schwankungsbereich des zu messenden p_H liefert die Glaselektrode genaue Werte. — Als Bezugselektrode dient fast stets eine Kalomelelektrode (die Anwendung einer Wasserstoffelektrode gestaltet sich in der Praxis zu umständlich).

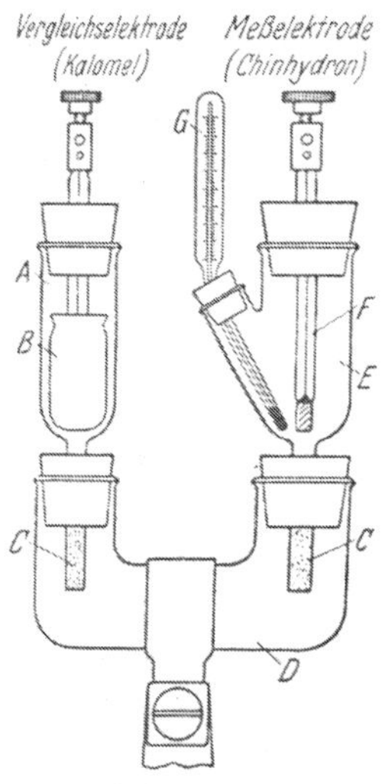

Abb. 1565.
Pehavi-Meßgerät
(Hartmann & Braun).

A, E Schutzgefäße; *B* gesättigte Kalomel-Elektrode; *C* poröse Tonstifte; *D* Verbindungsbrücke, mit gesättigter Kaliumchloridlösung gefüllt; *F* Chinhydronelektrode in der zu untersuchenden Flüssigkeit; *G* Thermometer.

Die Potentialmeßanordnung selbst hat zur Grundlage:

1. die allgemein bekannte Kompensationsschaltung nach *Poggendorf*;

2. Spannungsmessung mit Elektronenröhren (zuerst *K. A. Goode*, J. Amer. chem. Soc. 1922, S. 26; 1925, S. 2483) in zahlreichen Abwandlungen und Verfeinerungen (Röhrenvoltmeter), z. B. *F. Tödt* u. *W. Thrun*, Z. Elektrochem. 1928, S. 594;

3. Lichtelektrische Spannungskompensation (*Wulff*, Physik. Z. 1936, S. 269).

Die Spannungsmesser sind vielfach auf p_H-Werte geeicht. Bei Anordnungen zur laufenden Messung und Steuerung des p_H betätigen die Anzeigegeräte mechanische oder elektrische Übertragevorrichtungen, die in den Arbeitsgang (z. B. zuflußregelnd) eingreifen. Abb. 1563 zeigt das nach der Kompensationsmethode arbeitende Siemens & Halske-p_H-Meßgerät für laufende p_H-Messung und -Regelung. Zur Registrierung dient z. B. der Siemens-Kompensograph (ähnliche Registrierapparate bauen die Firmen Pyrowerk Dr. Rudolf Hase, Hannover; Leeds u. Nortrup Co., Philadelphia). Ein Gerät zur Einzelmessung von p_H-Werten, das „Pehavi" der Hartmann & Braun A.-G., Frankfurt a. M.,

zeigen die Abb. 1564 und 1565; dieses Gerät arbeitet gleichfalls nach dem
Kompensationsverfahren, mit Wasserstoff- oder Chinhydronelektrode als Meßelektrode und einer Kalomelelektrode als Bezugselektrode. Eine p_H-Meßein-
richtung zur laufenden Betriebsüberwachung mit Antimonelektrode und unmittelbarer p_H-Wertablesung ist das Kontroll-Ionometer nach *Kordatzki*
(F. & M. Lautenschläger G. m. b. H., München). Gleichfalls als p_H-Meßgerät
zur selbsttätigen, stetigen Betriebsüberwachung dient der mit Elektronenröhren (Röhrenvoltmeter) arbeitende Ionograph nach *Kordatzki* u. *Wulff*
(Lautenschläger, Abb. 1566).

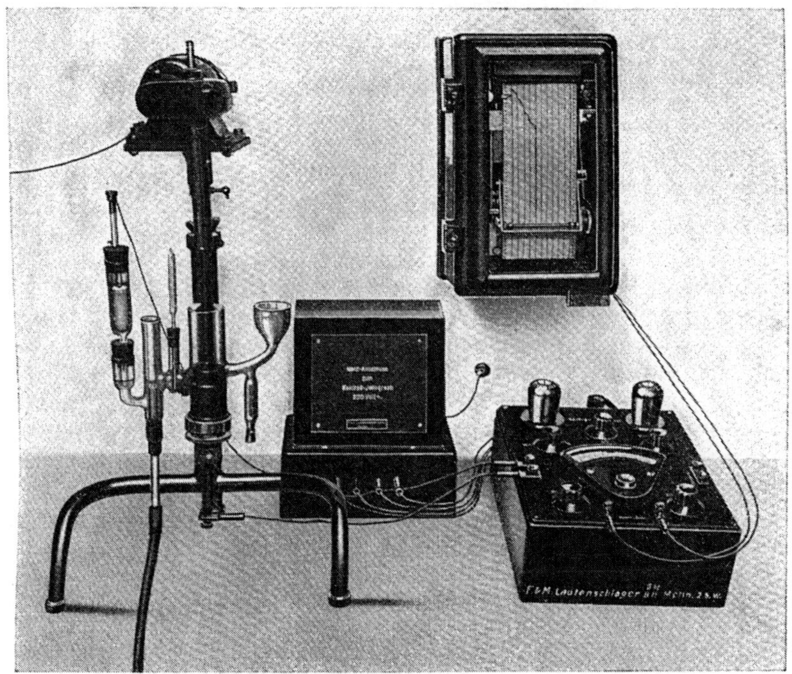

Abb. 1566. Ionograph nach *Kordatzki* u. *Wulff* (Lautenschläger).
Links Gefäß mit Elektrodenanordnung, rechts Spannungsmesser.

B. Die kolorimetrischen p_H-Meßverfahren (Indikatormethoden) beruhen auf der Eigenschaft gewisser organischer Verbindungen, ihren Farbton bei
Erreichung bzw. Überschreitung bestimmter p_H-Grenzen zu ändern. Der Farb-
„Umschlag" dieser „Indikatoren" (Anzeiger) genannten Stoffe vollzieht sich
zumeist innerhalb eines mehr oder weniger breiten p_H-Bereiches. Zur Bestimmung des p_H-Wertes werden Papierstreifen (besser Folien aus Reincellu-
lose), die mit den betreffenden Indikatoren getränkt sind, in die zu prüfende
Lösung gebracht und dann ihr Farbton mit dem gleicher Folien, die in Standard-
lösungen von bekanntem p_H tauchen, verglichen. Dieses einfache Verfahren
genügt für geringere Genauigkeitsansprüche (0,2 p_H-Einheiten); möglichste
Farblosigkeit der zu untersuchenden Lösung ist Voraussetzung, will man
nicht zeitraubende Vorbehandlungen (Abstimmung der Vergleichslösung auf die
Eigenfarbe der zu untersuchenden) in Kauf nehmen. Auch sind bei allen

kolorimetrischen Verfahren Salz- und Eiweißfehler (namentlich bei gepufferten Lösungen) zu berücksichtigen. Ein handliches Gerät für diesen Zweck ist das Folienkolorimeter nach *Wulff*. Auf derselben Grundlage ist das Doppelkeilkolorimeter nach *Bjerrum-Arrhenius* (Lautenschläger, Abb. 1567) aufgebaut: Eine planparallele, diagonal durch eine Glaswand unterteilte Küvette enthält die Indikatorvergleichslösung; je eine Hälfte enthält eine der beiden Umschlagsfarben. Blickt man (vgl. die Abb. 1567) ganz links im Sinne des Pfeiles, so sieht man nur die „saure" Farbe, blickt man ganz rechts durch die Küvette, so sieht man nur die „alkalische" Farbe des Indikators. Dazwischen lassen

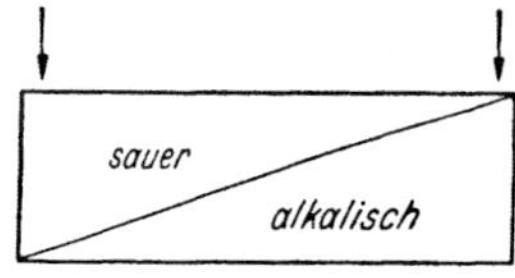

Abb. 1567.
Doppelkeilkolorimeter
nach *Bjerrum-Arrhenius*
(Lautenschläger).

sich alle Übergangsfarben erkennen. Kennt man nun die p_H-Werte der Übergangsfarben genau, so läßt sich durch Verschieben einer oberhalb der Doppelkeilküvette angebrachten Küvette mit der zu prüfenden (mit Indikator versetzten) Lösung und Einstellen auf gleiche Farbe der p_H-Wert messen. Der Meßbereich liegt z. B. zwischen p_H-Werten von 1,2—11,7; die Genauigkeit wird mit 0,05 p_H-Einheiten angegeben. Ein Gerät für laufende Kontrolle strömender Flüssigkeiten auf dieser Grundlage ist das Dauerkolorimeter nach *Kordatzki*. Unter Verwendung von Photozellen (besonders Selensperrschichtzellen) lassen sich laufende Kontrollen durchführen oder auch durch Farbuntüchtigkeit des Beobachters verursachte Fehler ausschalten; der Farbvergleich ist dabei auf das Ablesen eines elektrischen Meßgerätes zurückgeführt. Ein solches p_H-Meßgerät für Einzelmessungen und, in Sonderausführung, als Durchflußkolorimeter für laufende Untersuchung ist das lichtelektrische Kolorimeter nach *B. Lange*.

Lit.: *J. Kolthoff*, Säure-Basen-Indikatoren (Berlin 1932, Julius Springer). — *L. Michaelis*, Die Wasserstoffionenkonzentration (Berlin 1922, Julius Springer). — *G. Lehmann*, Die Wasserstoffionenmessung (Leipzig 1928, Barth). — *W. Kordatzki*, Taschenbuch der praktischen p_H-Messung (München 1934, Müller & Steinicke). — *W. M. Clark*, The Determination of Hydrogen Ions (Baltimore 1920, Williams & Wilkins). — *P. Gmelin* in *Eucken-Jakob*, Der Chemie-Ingenieur, Bd. 2, Teil 4 (Leipzig 1933, Akad. Verlagsges.). — *E. Berl*, Chemische Ingenieur-Technik, Bd. 1 (Berlin 1935, Julius Springer). — *E. Mislowitzer*, Die Bestimmung der Wasserstoffionenkonzentration (Berlin 1928, Julius Springer). — *H. Jörgensen*, Die Bestimmung der Wasserstoffionenkonzentrationen (p_H) und deren Bedeutung für Technik und Landwirtschaft (Dresden 1935, Steinkopff). Bähr.

Piliermaschinen, in der Seifenfabrikation verwendete Walzenreibmaschinen; s. Verreibmaschinen.

Planetenrührwerke, s. Rührvorrichtungen.

Planolith, s. Steinholz.

Plansiebe, s. Siebvorrichtungen.

Plastische Massen zeichnen sich, wie schon ihr Name sagt, durch besondere Bildsamkeit aus; diese Bildsamkeit kommt nicht immer dem endgültigen Werkstoff zu, sondern kann auch nur während einer gewissen Spanne der Herstellung vorhanden sein. Die Plastischen Massen werden am besten auf Grund ihrer Rohstoffbasis eingeteilt (S. 1216):

Preßstoff-„Typen" 1922. (Nach Elektrotechn. Z. 1932, S. 709.)

Type	k_b kg/cm²	k_s cmkg/cm²	A_m Grad	$G.\text{-}S.$	λ
T	600	12	125	2	3
S	700	6	125	3	3
0	600	5	100	2	3
1	500	3,5	150	4	3
2	350	2	150	4	3
3	200	1,7	150	4	3
4	150	1,2	150	4	3
7	250	1,5	65	1	3
8	150	1	45	3	3
K	600	5	100	2	4
A	300	15	45	1	3
N	300	4	40	2	3
Y	1000	5	400	5	4
X	150	1,5	250	5	—

k_b = Biegefestigkeit.
k_s = Schlagbiegefestigkeit.
A_m = Wärmebeständigkeit nach *Martens*.
$G.\text{-}S.$ = Glutsicherheit nach *Schramm*.
λ = $\begin{cases} \text{Isolationsvermögen nach 24 std Liegen im Wasser.} \\ \text{Vergleichszahl } 3 = 10^2\text{--}10^4 \text{ M}\Omega \\ \quad\quad\quad\quad\quad 4 = 10^4\text{--}10^6 \text{ M}\Omega \end{cases}$

Bestandteile und Verarbeitungstechnik der Plastischen Massen. (Nach *W. Röhrs*, Z. VDI 1932, S. 1233.)

Type	Plastisches Bindemittel	Füllstoff, Faserstoff	Verarbeitungstechnik
T	Phenol-Aldehyd-Kunstharz	Textilabfälle	Heißpressen (Härtung)
S	Phenol-Aldehyd-Kunstharz	Holzmehl u. a. Zellstoff	Heißpressen (Härtung)
0	Phenol-Aldehyd-Kunstharz	Holzmehl u. a. Zellstoff	Heißpressen (Härtung)
1	Phenol-Aldehyd-Kunstharz	Asbestfaser und mineralische Stoffe	Heißpressen (Härtung)
2	Phenol-Aldehyd-Kunstharz	Asbestfaser und mineralische Stoffe	Kaltpressen mit Nachhärtung
3	Phenol-Aldehyd-Kunstharz	Asbestfaser und mineralische Stoffe	Kaltpressen mit Nachhärtung
4	Asphalt	Asbestfaser und mineralische Stoffe	Kaltpressen
7	Naturharz, Asphalt	Asbestfaser und mineralische Stoffe	Heißpressen (keine Härtung)
8	Asphalt	Asbestfaser und mineralische Stoffe	Heißpressen (keine Härtung)
K	Carbamidharz	Zellstoff	Heißpressen (Härtung)
A	Acetylcellulose	mineral. Stoffe	Spritzen
N	Nitrocellulose	Gips, mineral. Stoffe	Heißpressen ohne Härtung
Y	Bleiborat	Glimmer	Heißpressen ohne Härtung
X	Zement, Wasserglas	Asbest, mineral. Stoffe	Kaltpressen

a) Plastische Massen auf der Basis von Cellulose. Zu ihnen gehört der Prototyp der Plastischen Massen: das Celluloid (s. d.), ferner die Acetylcellulosemassen (s. Acetylcellulose) und die Äthylcellulosemassen.

b) Kunstharze mit und ohne Füllstoff oder Gewebeeinlagen (s. Kunstharze- u. Kunstharzmassen, Hartpapiere), die durch Kondensation oder Polymerisation hergestellt worden sind. — Durch Kondensation entstanden sind die Phenoplaste (Phenole + Formaldehyd, z. B. Haveg, Vigorit, Silasit), Aminoplaste (Harnstoff, Thioharnstoff + Formaldehyd), Alkydale (Phthalsäure + Glycerin) und andere. — Durch Polymerisation gewonnen sind die Styrole, Cumaronharze, Acrylsäurepolymerisate und andere Erzeugnisse. — Teils durch Kondensation und teils durch Polymerisation entstanden sind z. B. die Vinylprodukte (z. B. Mipolam [s. d.]), Methacrylsäureprodukte usw.

c) Plastische Massen auf der Basis von Eiweiß, z. B. Galalith (Casein mit Formaldehyd gehärtet).

d) Plastische Massen auf der Basis von trocknenden Ölen, wie Leinöl und Holzöl.

e) Plastische Massen auf der Basis von Naturharzen, wie Schellack, Kopal.

f) Plastische Massen auf der Basis von Asphalt, Bitumen usw.

g) Im weiteren Sinne gehören zu den Plastischen Massen neben den verschiedenen Kautschukerzeugnissen auch viele keramische Massen und die Gläser.

Aus der gegebenen Übersicht geht schon die große Vielfältigkeit der Plastischen Massen hervor, deren Entwicklung in den letzten zehn Jahren außerordendlich stürmisch vorangegangen ist und auch heute noch nicht abzusehen ist. Im chemischen Apparatewesen haben diese Werkstoffe noch nicht die ausgedehnte Anwendung gefunden wie in anderen Industrien (z. B. in der Elektrotechnik), obwohl sie sich in den allermeisten Fällen durch sehr gute Beständigkeit gegenüber nichtoxydierenden nichtwasserentziehenden Säuren, Laugen, Salzlösungen und anderen Chemikalien (Vorsicht bei organischen Lösungsmitteln) auszeichnen. Es ist jedoch mit einer zunehmenden Verwendung zu rechnen.

Ihre Verarbeitung erfolgt vielfach spanlos durch Pressen oder Spritzen. Die Preßstoffe werden seit neuerer Zeit nicht nach ihrer chemischen Zusammensetzung, sondern nach ihren physikalischen Eigenschaften in die Typen nach Tabelle S. 1215 eingeteilt.

Lit.: *W. Mehdorn*, Kunstharzpreßstoffe. Eigenschaften, Verarbeitung und Anwendung (Berlin 1934, VDI-Verlag). — *H. Blücher*, Plastische Massen (Leipzig 1924, Hirzel). — *O. Pabst*, Kunststoff-Taschenbuch (2. Aufl., Berlin 1937, Verlag Physik). — *I. Scheiber*, Kunststoffe (Leipzig 1934, Akad. Verlagsges.). — *A. Sommerfeld*, Plastische Massen. Herstellung, Verarbeitung und Prüfung (Berlin 1934, Julius Springer). — VDI, Kunst- und Preßstoffe (Berlin 1937, VDI-Verlag). — *O. Kausch*, Handbuch der künstlichen Plastischen Massen (München 1931, Lehmann). — *R. Houwink*, Physikalische Eigenschaften und Feinbau von Natur- u. Kunstharzen (Leipzig 1934, Akad. Verlagsges.). — *E. Rabald*, Werkstoffe und Korrosion II (Berlin 1931, Julius Springer); Dechema-Werkstoffblätter 1935—37 (Berlin, Verlag Chemie). — *W. Röhrs*, Z. VDI 1932, S. 1233. — *H. E. Riley*, Ind. Engng. Chem. 1936, S. 919. — Zeitschr.: Kunststoffe (München); British Plastics (London); Modern Plastics (New York); Revue gén. des matières plastiques (Paris); Materie Plastiche (Mailand).

Ra.

Platin und Platinlegierungen. Es können folgende fünf Reinheitsstufen für Platin unterschieden werden:

1. Physikalisch reines Platin, Reinheitsstufe 4, höchstens 0,01 Proz. Verunreinigungen;
2. Chemisch reines Platin, Reinheitsstufe 3, höchstens 0,1 Proz. Verunreinigungen;
3. Geräteplatin, Reinheitsstufe 2, höchstens 0,3 Proz. Iridium und 0,1 Proz. andere Metalle;
4. Technisch reines Platin, Reinheitsstufe 2, mindestens 99,5 Proz. Platinmetalle, davon 99 Proz. Platin;
5. Bijouterieplatin, Reinheitsstufe 1, mindestens 95 Proz. Platin.

Reines Platin ist sehr weich, so daß in der Technik meist Platin, das geringe Mengen Iridium enthält, verwendet wird (s. Tabelle).

Werkstoff	Brinellhärte des geglühten Werkstoffes in kg/mm^2	Zugfestigkeit des geglühten Werkstoffes in kg/mm^2	Dehnung des geglühten Werkstoffes in Proz.
99 proz. Platin	55	24	35
Platin mit 5 Proz. Iridium . .	100	30	15
Platin mit 10 Proz. Iridium . .	140	48	13

Physikalische Eigenschaften. Farbe: Weiß. — Dichte: 21,4. — Schmelzpunkt: 1764°. — Flüchtigkeit: Im Hochvakuum verflüchtigt sich Platin bei 540°, bei 1000° ist der Dampfdruck auch bei gewöhnlichem Druck schon merklich. — Elektrische Leitfähigkeit: 6,7 m/Ohm · mm^2 bei 0°.

Korrosion. Platin ist einer der beständigsten Werkstoffe. Da es aber mit einer Anzahl von Elementen (Blei, Zinn, Wismut, Antimon, Arsen, Schwefel, Phosphor, Silicium u. a.) leicht schmelzende bzw. spinale Legierungen bildet, so ist es vor diesen Stoffen zu schützen; namentlich ist auch acht zu geben, ob die Möglichkeit besteht, daß sich unter den gegebenen Bedingungen diese Elemente bilden können (z. B. greifen geschmolzene Sulfate nicht an, wohl aber, wenn reduzierende Stoffe, wie Kohle, dabei sind). Ferner greifen Superoxyde in der Hitze an. Benutzt wird Platin in der elektrochemischen Industrie, bei der Schwefelsäurefabrikation und als Werkstoff für hochbeanspruchte Thermoelemente.

Anodischer Angriff: In verdünnter Schwefelsäure werden reine Platinanoden nur wenig, solche aus Platin-Iridium etwas stärker angegriffen. Stark salzsaure Lösungen greifen Platin anodisch beträchtlich an. Platin-Iridiumanoden sind in der Chloralkali-Elektrolyse im Gebrauch (s. Elektrolyseure, S. 356, 379, 381, 384, 389, 395).

Chlor: Von den Halogenen greift Chlor am stärksten an, namentlich löst nascierendes Chlor, wie es beim Angriff von Königswasser entsteht, Platin und die meisten Platinlegierungen auf. Durch Legieren mit 20 Proz. Iridium (s. oben bei Anodischer Angriff) wird die Beständigkeit auch in sauren Lösungen außerordentlich erhöht.

Königswasser: Siehe oben bei Chlor.

Schwefelsäure (s. oben bei Anodischer Angriff): 95 proz. Säure greift erst bei 250° an. Legierungen mit Iridium und Gold sind gegen hochprozentige heiße Säure beständiger als Platin. — Konzentrierung auf 97 Proz.: 2,0 g Metallverlust je Tonne Säure bei Reinplatin, 0,2 g bei Platin-Gold-Legierung.

Lit.: *Deutsche Gesellschaft für Metallkunde*, Werkstoffhandbuch (Nichteisenmetalle), herausg. v. *Masing, Wunder* u. *Groeck* (Berlin 1928, Beuth-Verlag). — *E. Rabald*, Werkstoffe und Korrosion I (Berlin 1931, Julius Springer); Dechema-Werkstoffblätter 1935—1937 (Berlin, Verlag Chemie). — *A. Fürth*, Die Werkstoffe für den Bau chemischer Apparate (Leipzig 1928, Spamer). — *G. Bauer*, Über Korrosionserscheinungen an Platingeräten (Chem.-Ztg. 1938, S. 257). Ra.

Lit. Chem. Apparatur: *H. Rabe*, Platingeräte (1927, S. 157, 183, 209). — *Hutter*, Die Zerstörungsursachen von Platin-Platinrhodium in Thermoelementen (1929, Beil. Korr., S. 49; 1930, Beil. Korr., S. 5).

Platin-Gold-Legierungen, Platin-Iridium-Legierungen, s. Platin und Platinlegierungen.

Platinit, s. Nickelstähle.

Platinoid, s. Kupfer-Nickel-Legierungen.

Plattenerhitzer, s. Wärmeaustauscher, Zellenapparate.

Plattenfedermanometer, s. Druckmesser.

Plattenfilter, s. Metallfilter.

Plattensiebe, s. Siebvorrichtungen.

Plattentrockner bestehen aus langen Kanälen, die mit Doppelböden versehen sind, durch welche die Heizgase geführt werden. Sie dienen besonders zum Trocknen von Salzen, die mit Schaufeln allmählich durch den Kanal bewegt werden. Die Kanäle können auch in mehreren Stockwerken übereinander angeordnet werden. Das nasse Salz geht dann zuerst in das oberste Stockwerk, wird langsam durch den obersten Kanal geschaufelt und fällt dann in den daruntergelegenen Kanal usw.

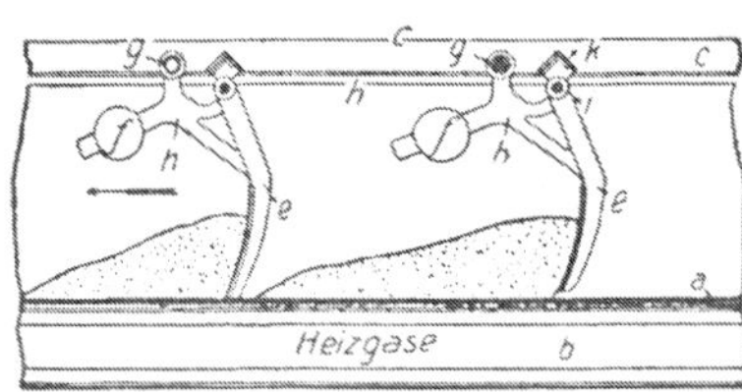

Abb. 1568. Steinsalztrockner (Paßburg).

Eine Schaufelvorrichtung für einen derartigen Trockner zeigt Abb. 1568. Die um i drehbar angeordneten Schaufeln e fördern das Gut auf den Platten a um den Hub der Fördervorrichtung nach links weiter, wobei sie durch die Ausschläge g gehalten werden. Die Größe des Hubes hängt von der Länge des Kurbelmechanismus ab. Der Hub wird so gewählt, daß er gleich dem Schaufelabstand ist. Beim Rückgang gehen die Schaufeln über die Salzhaufen hinweg, indem sie sich unter deren Gegendruck um die Zapfen i drehen. Durch die auf den Hebeln h gelagerten Belastungsgewichte f werden die Schaufeln nach unten auf die nach vorwärts geförderten Salzhaufen gedrückt, so daß das Trockengut auseinandergestrichen wird. Die Drehpunkte i

bestehen aus Zapfen, die in kleinen, auf den Querwinkeleisen k angenieteten Böcken gelagert sind. Die Quereisen k sind an den Längseisen c befestigt, die mit dem Kreuzkopf der Kolbenstange des Antriebs verbunden sind.

Th.

Pochwerke (Stampfmühlen, Stampfwerke) sind Zerkleinerungsmaschinen (s. auch diese), die auf der Schlagwirkung frei herabfallender Stempel beruhen. Sie eignen sich vorwiegend zur Zerkleinerung harter, spröder Stoffe und dienen

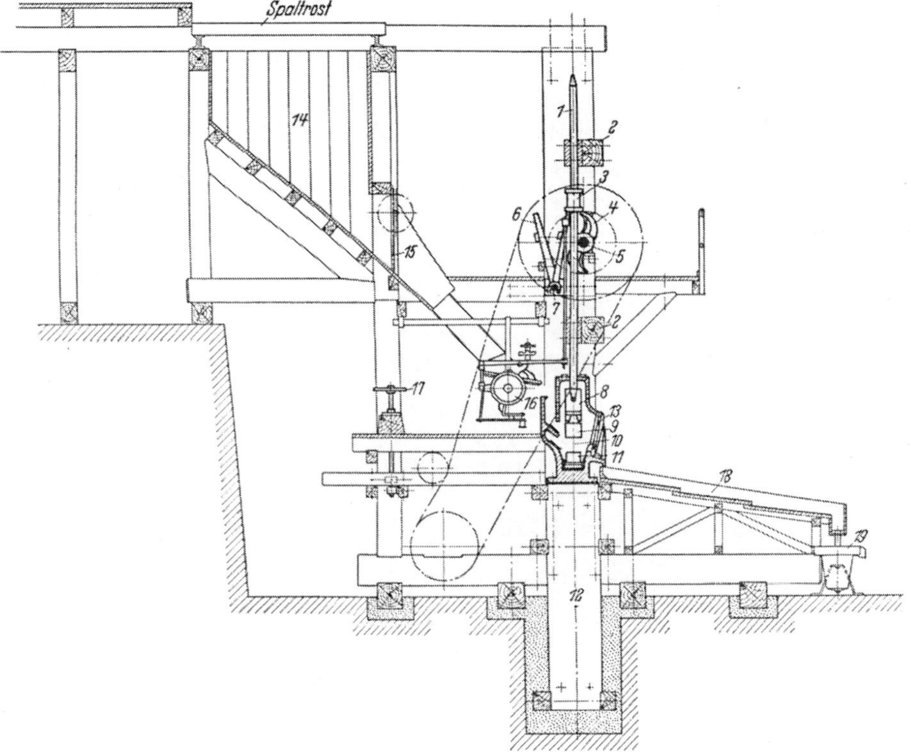

Abb. 1569. Schematische Darstellung einer Pochwerksanlage (Humboldt-Deutzmotoren).

demgemäß zur Herstellung von Knochenschrot aus gedämpften sowie zum Zerstampfen roher Knochen, zur Feinzerkleinerung von Chemikalien, Drogen usw., sowie — in schwererer Bauart — zum Zerkleinern von Erzen (aus dem Rahmen des Handbuchs fallend), wofür sie sich besonders eignen, da sie wegen ihrer einfachen, kräftigen Bauart und Billigkeit in Anschaffung, Betrieb und Unterhaltung, namentlich in entlegenen Gegenden, wo man auf die Hilfe ungeübter Leute angewiesen ist, angewendet werden. Man kann die Pochwerke mit Körnungen bis zu 50 mm aufwärts beschicken und das zerkleinerte Gut mit Sieben von 20—35 Maschen je Zoll aufschließen. Siebe von größeren Maschenfeinheiten verstopfen sich leicht und beeinträchtigen die Leistungsfähigkeit. Diese richtet sich auch nach der Beschaffenheit des Pochgutes und nach der Anzahl der Stempel. So verarbeiten (nach den Angaben der Joseph Vögele AG., Mannheim) 2 Stempel bei 50 Hüben je min und 1 PS von gedämpften Knochen 250 kg/std, 4 Stempel bei 50 Hüben je min und 2 PS 500 kg/std, 6 Stempel bei 50 Hüben je min und 3 PS 750 kg/std und 8 Stempel bei 50 Hüben je min und 4 PS 1000 kg/std; beim Zerstampfen roher Knochen vermindert sich die Leistung um je ein Drittel.

Bei stationären Anlagen verwendet man durchweg Pochwerke mit je fünf Stempeln in einem Pochtrog; auch können zwei solcher Pochtröge zu einer Batterie vereinigt werden, die aber je einen Antrieb für sich erhalten. Die

Abb. 1570. Pochwerksbatterie (Krupp-Gruson).

Einrichtung und Arbeitsweise eines Pochwerks geht aus Abb. 1569 (Humboldt-Deutzmotoren A.-G., Köln)[1] hervor. Die runden Stempelstangen *1* sind in Hartholzführungen *2* geführt und tragen Hebeköpfe *3*, die von den Hebedaumen *4* angehoben und nach Vorbeigang der Daumenspitze frei fallen gelassen werden. Die Hebedaumen sind auf der Daumenwelle *5* aufgekeilt und versetzt angeordnet, um die Anlage gleichmäßig zu belasten. Sie betätigen die Stempel in der Reihenfolge 1, 3, 5, 2, 4. Finger *6* sind auf der Fingerwelle *7* drehbar gelagert und tragen Handgriffe, um sie unter die Hebeköpfe legen zu können,

---

[1] Diese Maschine bzw. Pochwerksanlage ist wohl in erster Linie zur Zerkleinerung von Erzen bestimmt; sie läßt aber Einrichtung und konstruktive Einzelheiten, die auch für die Pochwerke zur Zerkleinerung anderer Materialien gültig sind, deutlich erkennen.

wenn die Pochstempel in der angehobenen Lage verbleiben, also nicht arbeiten sollen. Am unteren Ende der Stempelstangen *1* sind die mit Beschwerern *8* belasteten Pochschuhe *9* konisch eingesetzt und verkeilt. Der Pochtrog *10* trägt die Pochsohle *11* mit auswechselbarem Stahlboden und seitlichen Schleißplatten. Mit Gummiunterlagen ruht der Pochtrog *10* auf dem Holzfundament *12*. Der Siebrahmen *13* ist mit Keilen in der Vorderwand des Pochtroges befestigt, der mit Staublöcken (Vorsatzstücken) versehen ist, um eine gewisse Schichthöhe (Austraghöhe) des Pochgutes zu sichern. Die von der Grube kommenden Erzstücke werden durch einen Spalt- oder Grubenrost aufgegeben, der die über 50 mm großen Stücke zurückhält, während das ge-

Abb. 1571. Hebedaumen (Humboldt-Deutzmotoren).

eignete Pochgut in den Bunker *14* fällt und bei geöffnetem Abschlußschieber *15*, der regelbar ist, der ebenfalls regelbaren Aufgabevorrichtung *16* zugeleitet wird. Die Aufgabevorrichtung wird von dem mittleren Stempel der Pochwerksbatterie betätigt, und zwar wenn sich zwischen Pochsohle und Pochschuh kein Pochgut mehr befindet. In diesem Falle fällt der Pochstempel tiefer als sonst und wirkt mit dem Hebekopf stoßartig auf den Bewegungsmechanismus der Aufgabevorrichtung ein. Der Antriebsriemen für die Daumenwelle wird durch eine Spannrolle straff gehalten; zur Riemenspannung bzw. Verstellung der Spannrolle dient das Handrad *17*. Der Amalgationstisch *18* (nur für Erzaufbereitung vorhanden) ist hier fest gelagert (er kann auch als Rütteltisch ausgeführt sein) und leitet das genügend gefeinte Erz dem Amalgamfänger *19* zu. Von der Hauptwasserleitung führt eine besondere Leitung das Wasser dem Pochtrog zu.

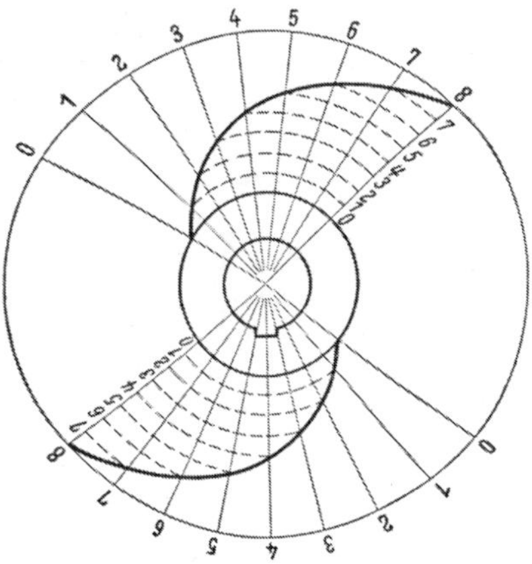

Abb. 1572. Konstruktion der Hubkurven der Hebedaumen.

Die Gesamtansicht einer Pochwerksbatterie aus zwei Aggregaten mit je fünf Stempeln zeigt Abb. 1570 in einer Ausführung vom Fried. Krupp-Grusonwerk.

Die Hebedaumen sind in der Regel für gleichmäßige Aufwärtsbewegung der Pochstempel konstruiert, und zwar (nach Abb. 1571) in Links- oder Rechtsausführung. Die gleichmäßige Hubbewegung wird (nach Abb. 1572) dadurch erzielt, daß die Radien der Hubkurven für gleiche Drehwinkel um gleichviel wachsen. Die Stempelstangen sind als drehbare Wellen hergestellt, damit die Hebeköpfe durch die Hebedaumen mitgedreht werden können, um die Hebeköpfe und die Pochschuhe sowie die Pochsohle gegen einseitige Abnutzung und vorzeitigen Verschleiß zu schützen.

Portlandzement, s. Mörtel.

Porzellan, s. Keramische Werkstoffe.

Prallvorrichtungen (Prellvorrichtungen, Stoßabscheider). In der chemischen Technik wird häufig die Aufgabe gestellt, Gase oder Dämpfe in enge Berührung mit einer Wandung zu bringen, um entweder den Wärmeübergang zu verbessern oder um in den Gasen oder Dämpfen fein verteilte feste oder flüssige Teilchen durch das Auftreffen und die damit verbundene Prallwirkung zum Ausschleudern und Festhaften an der Wandung zu bringen. Bei dem zur Verbesserung der Wärmeübertragung dienenden Prallverfahren wird der Heizdampf durch gelochte Rohre gegen die Heizflächen geblasen (s. auch Beheizungsvorrichtungen). Der auftreffende Dampf kondensiert infolge der hohen Geschwindigkeit während der Berührung schnell, wobei der Niederschlag und die nichtkondensierbaren Gase durch die nachströmenden Gase fortgeblasen werden. Bei der Ausscheidung von Tröpfchen oder sonstigen fein verteilten Stoffen läßt man die Gase durch Lochplatten gegen eine parallele, dicht dahinter angeordnete Prallplatte strömen. In der Prallfläche sind Löcher oder Schlitze vorgesehen, die zu den Ausströmöffnungen in der Lochplatte versetzt liegen. Die Loch- oder Schlitzreihen in den Wandungen haben je nach Bauart und Verwendungszweck die verschiedensten Formen und Größen. Statt der Platten verwendet man auch nebeneinander angeordnete Lamellen. Derartige Prallvorrichtungen arbeiten nur bei bestimmten Gas- oder Dampfgeschwindigkeiten am günstigsten. Schwanken die durchgehenden Mengen erheblich, so ist es erforderlich, die wirksame Prallfläche entsprechend zu vergrößern oder zu verkleinern. Hierzu taucht man die Flächen meist mehr oder weniger tief in ein Flüssigkeitsbad ein, indem man zur Regelung dieses Vorgangs den beim Durchgang entstehenden Druckabfall benutzt. Die wichtigsten Anwendungsgebiete sind die Abscheider (s. d.), die Stoßreiniger (s. d.) und die Teerabscheider (s. d.).

Neben diesen, mit flächenartiger Verteilung arbeitenden Prallvorrichtungen gibt es auch Apparate, welche die zusammengefaßte Strömung gegen eine verhältnismäßig kleine Fläche richten. Derartige Vorrichtungen eignen sich besonders zum Abscheiden von Flüssigkeitsteilchen, die von der Strömung mitgerissen wurden. (Siehe Abscheider.)

Den Aufprall eines Flüssigkeitsstrahls benutzt man, um diesen in Tropfen zu zerlegen. Derartige Geräte geben im Vergleich zu den die Flüssigkeit in feinste Teilchen zerlegenden Zerstäubungsvorrichtungen (s. d.) verhältnismäßig große Tropfen und werden z. B. in Berieselungsvorrichtungen (s. d.) angewendet.

Th.

Prellvorrichtungen, s. Prallvorrichtungen.

Pressen. A. Allgemeines. Dem Rahmen des vorliegenden Werkes entsprechend werden hier nur die zur Scheidung der festen und flüssigen Bestandteile einer Masse dienenden Pressen (auch als Scheidepressen bezeichnet) behandelt; besonders scheiden also Pressen, die der Formgebung dienen, aus.

Genau genommen handelt es sich bei dem Scheidevorgang um eine Art Filterung (daher auch die Bezeichnung: Preßfilter), wobei jedoch das Preßgut selbst mit seiner eigenen Masse das Filter darstellt; Preßkörper, Seiher u. dgl. dienen nur dazu, das Mitreißen grober Teilchen durch die Flüssigkeit oder das Entweichen der mehr oder weniger plastischen Rückstände zu verhindern bzw. den Preßdruck auf das Preßgut zu übertragen.

Das charakteristische Merkmal aller Scheidepressen ist die sich beim Preßvorgang ergebende Verkleinerung des vom Filterkörper umschlossenen Hohlraumes, der das Preßgut enthält. Diese Verkleinerung nimmt mit der Entflüssigung des Preßgutes allmählich zu, und am Ende des Preßvorganges sind im Preßraum nur noch die stark verdichteten Rückstände, Preßkuchen genannt, vorhanden, die möglichst wenig Flüssigkeit enthalten sollen. Es kann sowohl die Gewinnung der Preßkuchen (z. B. bei der Stearin- oder Paraffinverarbeitung) als auch die Gewinnung des Filtrates (z. B. bei der Pressung von Ölsaaten) das Hauptziel des Verfahrens sein. Häufig liegt heute der Fall jedoch so, daß außer dem Haupterzeugnis auch die Nebenerzeugnisse wirtschaftlich verwertet werden.

Von grundlegender Bedeutung für die Verwendung von Scheidepressen ist die Tatsache, daß flüssigkeitshaltige Masse nur dann erfolgreich abgepreßt werden kann, wenn der feste Anteil ganz oder teilweise plastisch verformbar ist und durch Zusammenpressen die Flüssigkeit aus der Form verdrängt werden kann. So läßt sich z. B. aus sandigen, nicht verformbaren Fettsubstanzen die zähe Flüssigkeit durch Abpressen nur bis zu einem Teile, und zwar bis zur gegenseitigen Berührung der festen Teilchen, entfernen. Weiter ist für den Erfolg des Pressens noch besonders wichtig: die Höhe des angewandten Druckes sowie die Dauer bzw. der Verlauf desselben. Abhängig sind diese Größen von der Art des zu verarbeitenden Preßgutes und der gewünschten Qualität des Enderzeugnisses. Diesen Umständen muß daher bei der Wahl der richtigen Pressenkonstruktion Rechnung getragen werden.

Die Pressen finden Verwendung zur Gewinnung von Öl aus verschiedenen Saaten (Baumwollsamen, Hanf, Mohn, Oliven, Raps, Lein, Kopra, Palmkerne, Erdnüsse, Sesam, Ricinus usw.), zur Gewinnung von Fett aus Grieben, Tran aus Fischen, zur Trennung der Oleine von Fettsäuren, zur Entwässerung von Lohe oder Rübenschnitzeln, zur Gewinnung des Zuckersaftes aus Zuckerrohr, zur Gewinnung von Obstsäften und Wein (Pressen für diese Zwecke werden auch Keltern genannt), zum Behandeln von Celluloseplatten mit Natronlauge und nachfolgendem Abpressen der überschüssigen Lauge (Mercerisieren), zum Abpressen von Rohnaphthalin usw. — Zum Auspressen, besonders von Ölsaaten, werden sehr erhebliche Drücke (bis 500 kg/cm² Kuchenfläche) angewendet. Früher wurden hierzu hauptsächlich hydraulische Pressen benutzt, in neuerer Zeit finden jedoch mechanische, selbsttätig arbeitende Pressen in steigendem Maße den Vorzug.

Eine Einteilung der Pressen ist möglich nach

1. dem **Scheidegut** in: Öl-, Fett-, Stearin-, Schnitzelpressen usw.;
2. dem **Filterkörper** in: Beutel-, Trog-, Seiherpressen usw.;
3. der **Arbeitsart** in: stetig und unstetig arbeitende Pressen;
4. der **Arbeitstemperatur** in: Kalt- und Warmpressen;
5. der **Bauweise** in: stehende und liegende bzw. einfache und doppelte

Pressen usw.;

6. der Art der Druckerzeugung in: Keil-, Hebel-, Spindel-, Schnecken-, hydraulische Pressen usw.;

7. der Verwendungsart in: Vor-, Fertig-, Füllpressen usw.

B. Ausführungsbeispiele. I. Unstetig arbeitende Pressen: Bei diesen Pressen wird der eigentliche Preßvorgang durch das Füllen und Entleeren der Pressen unterbrochen. Wenn es auch im Laufe der Zeit gelungen ist, durch entsprechende Vorrichtungen und Kombinationen diese Betriebsunterbrechungen stark zu vermindern, so bleiben sie doch störend. Gleichwohl sind die unter diese Gruppe fallenden Apparate für viele Anwendungsgebiete zur Zeit noch unentbehrlich.

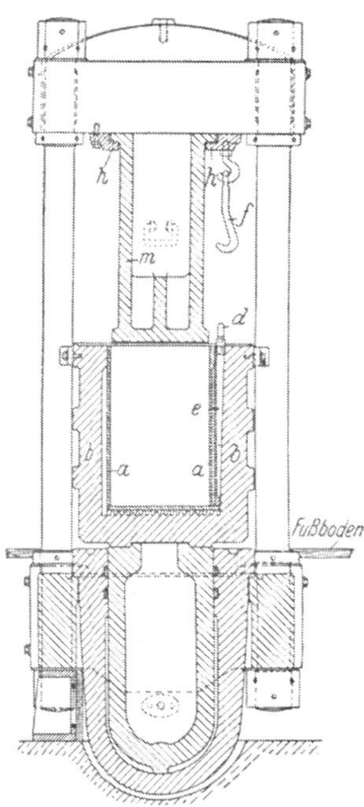

Abb. 1573. Kastenpresse.
(Nach *Ubbelohde*, Handbuch.)

1. Geschlossene Pressen: Kennzeichnend für diese Ausführung ist, daß das Preßgut an allen Seiten von festen Wänden eingeschlossen ist. Zur Erleichterung des Abflusses der flüssigen Bestandteile des Preßgutes und um gleichmäßig geformte Rückstände zu erhalten, wird das Preßgut durch durchlässige Preßdeckel und Stahlplatten in mehrere Schichten von solcher Dicke geteilt, daß die Kuchen nach dem Pressen die gewünschte Stärke haben. Die Preßdeckel bestehen ebenso wie die später genannten Preßtücher gewöhnlich aus Roß-, Kuhschweif-, Kamelhaar, Wollgarn oder entsprechenden Gemischen. — Die Kastenpresse, eine der ältesten hydraulischen Pressen für die Ölgewinnung, wurde zuerst in England benutzt, fand aber später auch in Deutschland Eingang. Heute findet man sie in älteren kleineren Betrieben für verschiedene Zwecke; für große Betriebe kommt sie jedoch wegen der verhältnismäßig geringen Leistungsfähigkeit kaum mehr in Frage. Trotzdem ist die Bauart in diesem Zusammenhang aus technischen Gründen von Interesse.

Die Abb. 1573 zeigt die grundsätzliche Ausführung einer Kastenpresse. Der Siebkasten *a*, dessen Wandungen an zwei zusammenstoßenden Seiten direkt an den kannelierten Preßkastenwänden liegen, an den beiden anderen Seiten aber durch kannelierte oder kammartig geschlitzte Keile *e* gegen die Preßkastenwände gestützt sind, wird von dem gußeisernen Preßkasten *b* umgeben. Zum Herausziehen der Keile dienen die Haken *f* und die Ösen *d*. Der Preßstempel *m* ist auf den Schienen *h* herausschiebbar; hierdurch wird ungehindertes Füllen des Preßkastens ermöglicht. Beim Pressen wird der Kasten durch den Preßkolben hochgedrückt, wobei der Stempel *m* in den Kasten eindringt. Sobald der Kolben die obere Endstellung erreicht hat, hängen sich die Haken *f* selbsttätig in die Ösen *d* ein und ziehen die Keile *e* beim Niedersinken des Kolbens heraus. Hierdurch gehen die Siebkastenwände auseinander und erleichtern so das Entfernen des Preßkuchens. Wegen des nur oben offenen Preßkastens ist das Füllen und Entleeren nur von Hand möglich und erfordert daher viel Zeit und Bedienung. Dies ist ein Hauptnachteil dieser Bauart.

Man hat daher Pressen mit oben und unten offenem
Kasten gebaut, bei denen das Hängestück (manchmal
auch Gegenkolben genannt) nur noch als eine Art
Widerlager beim Pressen dient, während das Preßgut
durch den von unten eindringenden Preßstempel zu-
sammengepreßt wird. Durch diese Bauart wird die
Kastenpresse jedoch eigentlich zur Seiherpresse, der
Bauart, die am vielseitigsten auf den verschiedensten
Gebieten Verwendung gefunden hat.

Seiherpressen: Unter einem „Seiher" versteht
man einen offenen Stahlblechzylinder mit durchlöcher-
ter Wand (z. B. bis zu 70000 Löchern bei 470 mm
Durchmesser und 1500 mm Höhe des Seihers), in dem
das Preßgut durch Eindringen eines Stempels zusammengedrückt wird. Das Zusammendrücken kann
erstens von oben, zweitens von unten, drittens gleichzeitig von oben und unten erfolgen. Dementsprechend
steht der Seiher im ersten Falle auf einem Preßtisch
und wird mit diesem hochgehoben, wobei das Hängestück von oben eindringt. Im zweiten Falle liegt der
Seiher fest gegen den Preßholm, und der Kolben
dringt von unten ein. Wenn, wie im dritten Falle,
gleichzeitig ein Gegenkolben von oben und ein Preßstempel von unten eindringen, wird das Preßgut in
der Mitte des Seihers zusammengeschoben und der
Seiher ein Stück nach oben mitgenommen (je nach den
Reibungsverhältnissen an den Seiherwandungen), so daß
er zwischen Gegenkolben und Preßkolben „schwebt";
daher bezeichnet man diese Ausführung als schweben-
den oder auch steigenden Seiher. — Da von der richtigen Wahl der Seiher die Leistung einer Presse in
weitem Umfange abhängig ist, ist der Bauart derselben
besonderes Augenmerk zu schenken. Es werden unterschieden: Seiher mit einfacher, mit doppelter (Mantel-,
Ringseiher) Wandung und Sonderausführungen, wie
z. B. Stabseiher.

Der Querschnitt der Seiher ist meist rund, quadra-
tisch oder rechteckig; aber auch trapezförmiger Querschnitt kommt vor. Je nach den Betriebsverhältnissen
und der Größe der Apparate können die Seiher heizbar und auch fahrbar eingerichtet sein. — Abb. 1574
zeigt einen kleinen sog. massiven Seiher, das ist ein
Seiher mit einfacher Wandung. Um ein Umhersprit-
zen der ausgepreßten Flüssigkeit zu vermeiden, wird
der Seiher *b* mit einem Blechmantel *c* umgeben,

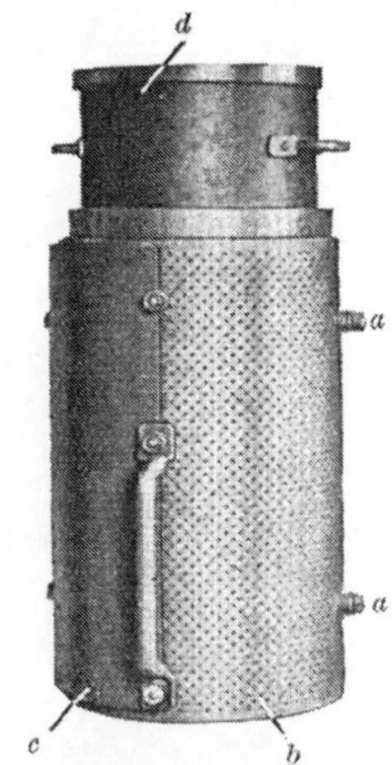

Abb. 1574. Massiver Sei-
her mit Seiherhut und
Mantel. (Nach *Ubbe-
lohde*, Handbuch.)

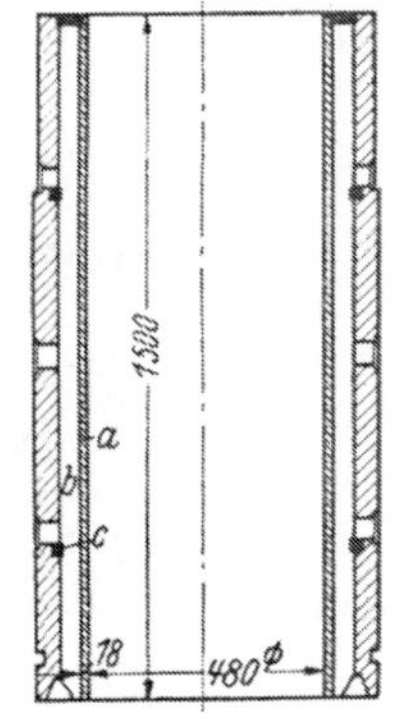

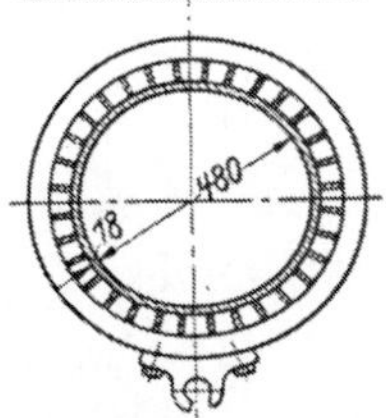

Abb. 1575. Mantel-
seiher. (Nach *Ubbe-
lohde*, Handbuch.)

der durch Doppelschrauben *a* gehalten wird. Da das Preßgut, besonders
wenn es sich um Ölsaat handelt, beim Einfüllen sehr locker im Seiher
liegt, läßt sich dieser bei direkter Füllung nur sehr unvollständig aus-
nutzen. Es wird daher ein kurzer Blechzylinder (Seiherhut *d*, Seherauf-

satz, je nach Ausführung auch Füllkorb, Füllbrille genannt) von demselben Durchmesser wie der Seiher auf diesen aufgesetzt (oder bei Füllung von unten untergesetzt), gefüllt, das Material darinnen niedergepreßt und dann nochmals nachgefüllt. Seiher der letztgenannten Art werden aus nahtlosem Stahlrohr gefertigt. Sie haben den Nachteil, daß man, um eine zu starke Verminderung der Festigkeit zu vermeiden, die Öffnungen für den Austritt der Flüssigkeit nur in verhältnismäßig beschränkter Zahl anbringen kann. Massive Seiher werden heute bis zu den größten Abmessungen und für Drücke bis zu 500 at hergestellt und hauptsächlich bei der Verarbeitung stark treibenden Preßgutes verwendet.

Abb. 1576.
Mantelseiher mit quadratischem Querschnitt
(Harburger Eisen- und Bronzewerke).

Die Abb. 1575 zeigt einen Mantelseiher. Er besteht aus einem einfachen Seiher, der durch einen kräftigen Mantel gestützt ist; die Wandungen des Seihers können daher wesentlich schwächer gehalten werden als bei der massiven Ausführung. Aus der Abbildung ist ersichtlich, daß um den inneren Seiher a eine Reihe vertikaler, schwach eingenuteter Längsrippen b gelegt sind, die ihrerseits durch einige schmale, in den Längsrippen eingenutete Ringe c verbunden sind, damit sie sich nicht verschieben können. Das Ganze umgeben dann noch stärkere, heiß aufgezogene Stahlringe. Die Abführung der ausgepreßten Flüssigkeit erfolgt durch die Löcher des inneren Zylinders und durch die Längskanäle zwischen den Rippen. — Eine Ausführung eines Mantelseihers, wie sie von den Harburger Eisen- und Bronzewerken A.-G., Hamburg-Harburg, mit runden oder schlitzförmigen Löchern gebaut wird, geben die Abb. 1576 und 1577 wieder. Der eigentliche innere Seihermantel wird von einem einteiligen Stahlgußkörper mit angegossenen Rippen umgeben. Dieser Rippenkörper wird

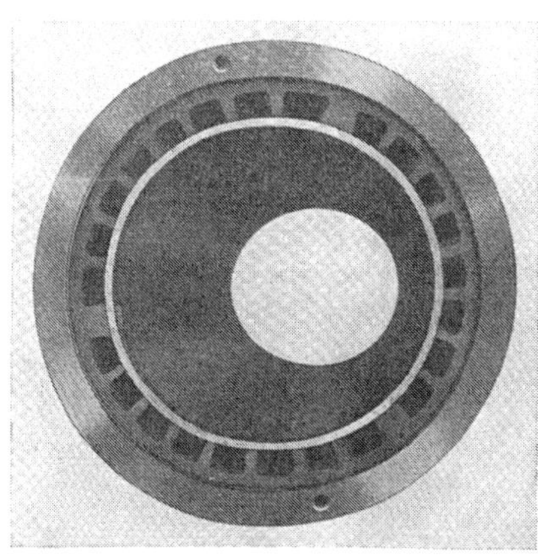

Abb. 1577. Mantelseiher mit rundem Querschnitt (Harburger Eisen- und Bronzewerke).

außen mit warm aufgezogenen S.M.-Stahlbandagen versehen.

Grundsätzlich anders wie die vorgenannten Ausführungen sind die Stabseiher gebaut. Sie bestehen (wie schon der Name besagt) aus dicht aneinander-

gesetzten Stäben, die so ausgebildet sind, daß an Stelle der bei den einfachen
Seihern vorgesehenen Löcher schmale Schlitze gebildet werden. Dem Vorteil
dieser Seiherart, d. h. dem großen Durchtrittsquerschnitt, steht der Nachteil
gegenüber, daß sich die Schlitze bei starker Pressung erweitern und z. B. bei
Pressung von treibenden Saaten (Raps, Lein) durch Austreten von großen
„Trub"-Mengen Schwierigkeiten machen. Immerhin sind die Meinungen geteilt, ob die Stabseiher mit ihren längsschlitzartigen Öffnungen günstiger sind
als die gewöhnlichen perforierten Siebbleche.

Zur Verarbeitung eines Preßgutes, das nur
bei höherer Temperatur gepreßt werden kann,
verwendet man heizbare Seiher. Die Heizung
erfolgt durch um den Seiher gelegte Heiz-
schlangen, die meist unter dem Schutzmantel
angebracht und mit Rohr oder Schlauch an
die Dampfleitung angeschlossen werden.

Beim Pressen wird der Seiherinhalt durch
Eisenplatten (sog. Zwischenplatten) von etwa
7 mm Dicke und die bereits genannten Preßdeckel in mehrere Schichten geteilt, und zwar
in der Weise, daß zwischen je zwei Kuchen
zwei durch eine Zwischenplatte getrennte Preßdeckel liegen. Auf die Größe der Platten ist
besonders zu achten, da sie, wenn sie zu groß
sind, die Seiherwandungen beschädigen, wenn
sie zu klein sind, Gratbildung an den Kuchen
verursachen, was das Ausdrücken der Kuchen
erschwert.

Ein Beispiel für eine Presse mit schweben-
dem Seiher, und zwar eine Ausführung von
Greenwood & Batley, Leeds, bei welcher der
Seiher nicht aus der Presse entfernt werden
kann, zeigt Abb. 1578. Der Seiher S ist hier
besonders lang und aus Stäben zusammengesetzt (Stabseiher). Als Widerlager beim Ausdrücken der Kuchen dient das Hängestück h,
das auf Gleitschienen durch Handrad R heraus-
geschoben werden kann; die Seiherstäbe werden durch Stahlringe r in ihrer Lage gehalten.
Unterhalb des Seihers befindet sich eine Schale c
zum Auffangen des Öles.

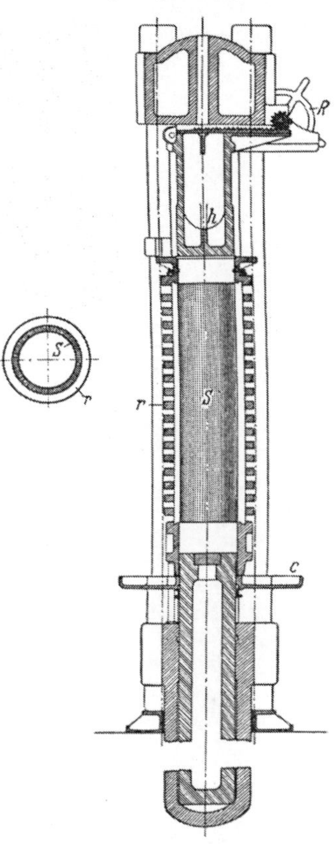

Abb. 1578. Presse mit schwe-
bendem Stabseiher (Green-
wood & Batley).

Um die durch das Füllen und Entleeren der Pressen entstehenden Betriebsunterbrechungen möglichst abzukürzen und um dadurch größere Leistungen
zu erzielen, werden Pressen mit auswechselbarem Seiher gebaut. Bei dieser
Bauart wird der Seiher außerhalb der Presse gefüllt und entleert, so daß sich
die Unterbrechung der tatsächlichen Preßzeit auf die geringe Zeit, die für das
Auswechseln der Seiher erforderlich ist, beschränkt. Handelt es sich um kleinere Anlagen, so wird an die Presse ein fester Tisch angebaut, auf dem die
Seiher gefüllt und entleert werden. Bei größeren Anlagen verwendet man auf
Rollen laufende Seiher, oder die Seiher werden auf besondere Wagen (Seiher-

wagen) geschoben und zu den Füll- und Entleerungsvorrichtungen, sog. Füllpressen bzw. Ausdrückpressen, gefahren. Hier werden die Seiher gefüllt und
die abgepreßten Kuchen ausgestoßen. Die Füll- und Ausdrückpressen arbeiten
also in Verbindung mit den Hauptpressen und sind, ähnlich wie diese, nur
etwas leichter ausgeführt. Gewöhnlich bedient eine Füllpresse mehrere (drei
bis fünf) in einer Reihe aufgestellte Hauptpressen (Pressenbatterie). Wesentlich ist dabei natürlich die Preß-
dauer der Hauptpressen. Wenn
diese etwa $^1/_2$—1 Stunde beträgt,
wie z. B. bei der Verpressung von
Speiseölsaaten (Mohn, Sesam
usw.), so ist die erwähnte Anordnung von Vorteil; handelt es
sich je doch um kürzere Preßdauer, so sind Drehpressen vorzuziehen. Eine Füllpresse kann
dann bis zu zwei Hauptpressen
bedienen. Die Seiher sind an
Säulen schwenkbar angeordnet,
so daß es nicht notwendig ist,
die Seiher auf Rollen oder Tischen
zu verschieben. Bei den Seiher-
drehpressen, bei denen zwei
Seiher schwenkbar um eine Säule
angeordnet sind, wird so gearbeitet, daß, während ein Seiher
in der Presse unter Druck steht,
der zweite ausgeschwenkt, von
Hand oder durch die angebaute
Füllausdrückpresse gefüllt bzw.
entleert wird. Diese Ausführung
nennt man auch kombinierte
Drehpresse. Gewöhnlich hat hierbei jede Hauptpresse ihre eigene
Füllpresse, wobei diese jedoch,
besonders bei längerer Preßdauer, nur schlecht ausgenutzt
wird. Infolgedessen geht man in
solchen Fällen dazu über, die
Füllpressen als Vorpressen zu be-

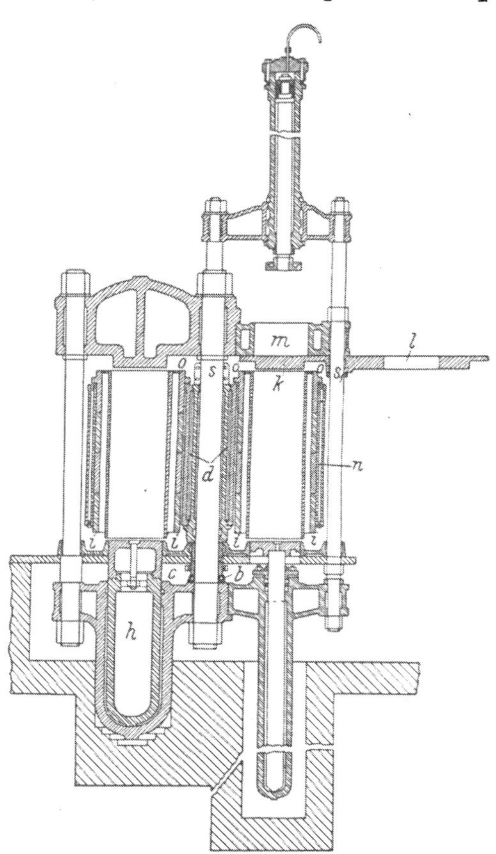

Abb. 1579.
Verbunddrehpresse mit heizbarem Seiherpaar
(Harburger Eisen- und Bronzewerke).

nutzen, indem man den Seiher, anschließend an das Füllen, teilweise auspreßt
und ihn erst dann unter die Hauptpresse nimmt, wo er in kürzester Zeit fertig
gepreßt werden kann. In dieser Weise arbeitende Pressen werden Verbund-
drehpressen genannt. Abb. 1579 zeigt eine solche Verbunddrehpresse der
Harburger Eisen- und Bronzewerke mit heizbaren Seihern. Auf der Abbildung
befindet sich links die Hauptpresse, rechts die Füllpresse. Der Teil kl unter
der Brille der Füllpresse (Füllbrille) ist um die Säule S_1 drehbar. Der durch-
brochene Teil l wird während des Kuchenausdrückens und beim Füllen und
Vordrücken unter die feststehende Füllbrille m gedreht und bildet sozusagen

ihre Verlängerung. Wenn der untere Ausdrückkolben zum Auspressen von Öl verwendet werden soll, so wird der Teil k so gedreht, daß er einen Pressenholm mit einem kurzen Hängestück bildet. Beide Seiher drehen sich um die mittlere Preßsäule S und sind durch eine gußeiserne Traverse d verbunden, die den Preßtisch durchsetzt und auf einem Spurkranz von gehärteten Stahlkugeln b läuft. Die Drehung erfolgt durch einen horizontal liegenden Schneckentrieb, der an dem Zahnrad c angreift; sie kann jedoch auch durch hydraulische Kraft erfolgen. Der Kolben h durchdringt den Tisch und wird unterhalb der Ölfangschale i abgedichtet. Die Heizrohre für die Seiher sind in den Doppelwänden n untergebracht. Diese Konstruktion wird besonders da angewandt, wo große Saatmengen mit kurzer Preßdauer verarbeitet werden sollen. — Bei sog. Drehpressenbatterien werden zwei Hauptpressen von einer Füllpresse, die zwischen beiden steht, bedient, wodurch letztere auch bei längerer Druckdauer besser ausgenützt wird.

Die Trogpressen kann man sich grundsätzlich entstanden denken durch mehrfache Unterteilung einer Seiherpresse durch horizontale Schnitte, wobei über jedem Schnitt ein Hängestück eingesetzt wird. Solche Pressen werden in erster Linie für die Kakaobutterfabrikation verwendet, gelegentlich wohl auch zum Auspressen von Bleicherdeschlamm und zur Ölgewinnung aus Saaten. — Eine schematische Darstellung zeigt Abb. 1580. Aus dieser ist ersichtlich, daß eine Anzahl Tröge, gewöhnlich vier bis acht Stück, mit einem Durchmesser von etwa 250—600 mm übereinanderstehen und durch Zwischenstücke (Preßplatten) P getrennt sind. Nach unten abgeschlossen werden sie durch die auf den Vorsprüngen der Tröge ruhenden Siebplatten S. Zum Entleeren und Füllen können die Tröge auf Schienen, die an der Presse angebracht sind, herausgezogen werden. Beim

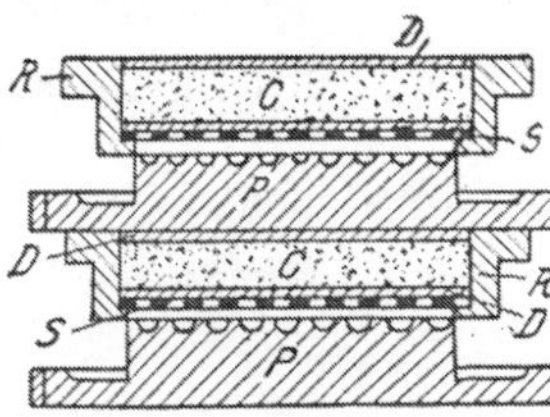

Abb. 1580.
Schema einer Trog- oder Ringpresse. (Nach Ullmann, Enzyklopädie, der techn. Chemie, 2. Aufl. Bd. V [1930].)

D Preßdeckel, R Ring oder Trog, P Preßplatte, S Siebplatte (-boden), C Preßgut.

Preßvorgang hebt der kannelierte Oberteil der Preßplatten das Sieb und drückt das Preßgut C gegen die Unterseite der nächsten Preßplatte, wodurch es ausgepreßt wird. Während die gefüllten Tröge in der Presse unter Druck stehen, wird die gleiche Anzahl Tröge außerhalb der Presse entleert und gefüllt, so daß die Betriebsunterbrechungen sich auf die Zeit für das Auswechseln der Tröge beschränken.

Wenn runde Kuchen hergestellt werden, erhalten die Tröge Ringform; die Presse wird in diesem Falle Ringpresse genannt. Bei Verpressung hochschmelzender Fette sieht man Dampfheizung vor. Allgemein ist über die Trogpressen zu sagen, daß sie leicht gleichmäßig heizbar sind, bei relativ niedrigem Druck eine gute Ölausbeute geben und daß der Preßdeckelverbrauch ziemlich niedrig ist. Demgegenüber steht aber der Nachteil, daß diese Pressen verhältnismäßig geringe Leistungsfähigkeit besitzen und viel Wartung erfordern.

2. Die offenen Pressen sind dadurch gekennzeichnet, daß das Preßgut an einer oder an mehreren Seiten nicht eingeschlossen ist. Hierher gehören die Packpressen (auch unter dem Namen Marseiller Pressen bekannt). Dies ist eine der ältesten Ausführungsformen der hydraulischen Pressen, die

bereits im Jahre 1819 in Betrieb war und in der Margarine- und Stearinfabrikation auch heute noch zur Trennung fester und flüssiger Fette bzw. Fett-

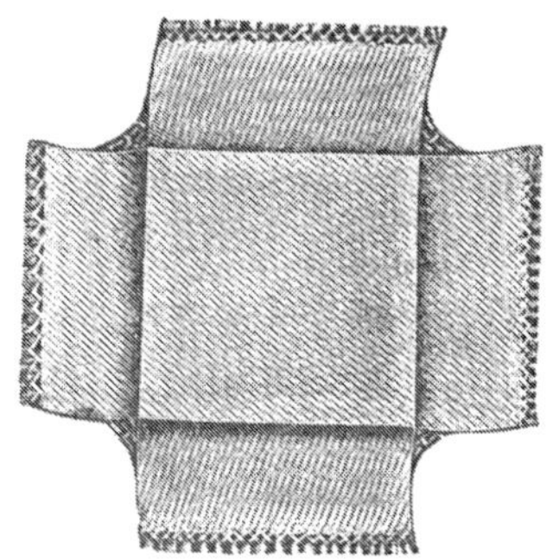

Abb. 1581. Scourtin (Kreuztuch). (Nach *Ubbelohde*, Handbuch.)

säuren verwendet wird. Zur Gewinnung von Öl aus Saat sind sie jedoch nur noch vereinzelt für Olivenölgewinnung im Gebrauch. Bei den Packpressen hängen mehrere starke Eisenplatten an Kettenringen in bestimmten Abständen untereinander (bzw. bei liegender Ausführung hintereinander). Das Preßgut füllt man mittels Schiebmaß von Hand in Preßtücher bzw. Preßsäcke und stellt auf diese Weise (oder im Großbetrieb durch besondere Kuchenformmaschinen) runde, rechteckige oder quadratische 2—3 cm dicke Preßpakete her, von denen immer mehrere, durch dünnere Eisenbleche getrennt, zwischen zwei Platten eingelegt werden.

Mit Rücksicht auf die Haltbarkeit der Preßtücher wird mit verhältnismäßig geringem Druck gepreßt. Trotzdem ist die Ausbeute bei Verarbeitung von Ölsaat recht gut, besonders wenn das Preßgut weitergehend zerkleinert wird,

Abb. 1582. Preßband für Etagenpressen.
(Nach *Ubbelohde*, Handbuch.)

als dies bei Verwendung von Pressen anderer Art erforderlich und üblich ist. Da die Kuchen in ihren Rändern noch hohen Ölgehalt aufweisen, müssen diese

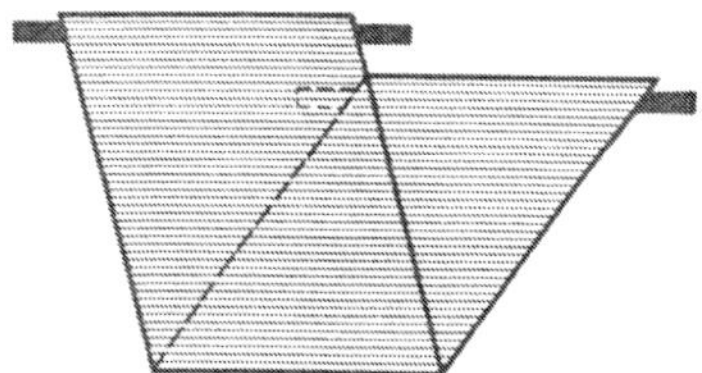

Abb. 1583. Preßsack für hydraulische Warmpressen mit Stabeisen.
(Nach *Ubbelohde*, Handbuch.)

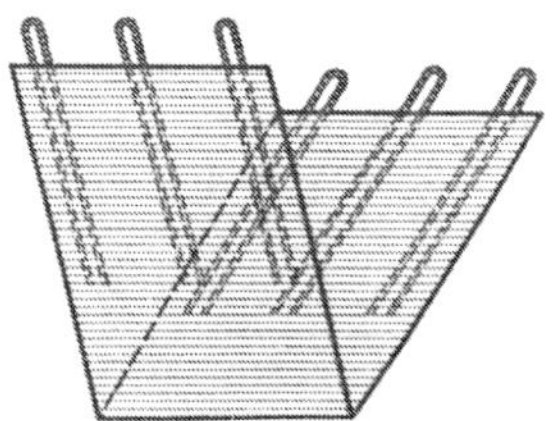

Abb. 1584. Preßsack für hydraulische Warmpressen mit Ösen. (Nach *Ubbelohde*, Handbuch.)

abgeschnitten und nochmals gepreßt werden. Die Kosten hierfür und der verhältnismäßig hohe Preßtuchverbrauch verteuern den Betrieb der Marseiller

Pressen sehr. Von großer Wichtigkeit für den Betrieb dieser Pressen sind die
Preßtücher (Scourtins, Kreuztücher); sie müssen die Flüssigkeit leicht durch-
lassen, dabei feste Teilchen zurückhalten, auch unter hohem Druck porös
bleiben und möglichst wenig Haare (Fasern) an den Preßkuchen zurücklassen.
Hergestellt (gewebt oder geflochten) werden sie aus Schaf- oder Baumwolle,
Roß- und Kuhschweifhaaren, Aloefasern usw.; auch Preßtücher mit Metall-
zwischenlagen findet man. Für Kastenpressen verwendet man kreuzförmige
Preßtücher (Abb. 1581), für Etagenpressen längliche (Bänder, Preßbänder;

Abb. 1585. Stearinkaltpresse (Harburger Eisen-
und Bronzewerke).

Abb. 1582). Für Stearinwarmpressen werden statt der Tücher Preßsäcke
(Étreindelles; Abb. 1583 und 1584) verwendet. — Ähnlich den Marseiller Pressen
ist die von den Harburger Eisen- und Bronzewerken gebaute stehende hydraulische Kaltpresse, die man in der Stearinindustrie findet (Abb. 1585).

Eine liegende (horizontale) Warmpresse ebenfalls für die Scheidung von
Stearin und Olein zeigt Abb. 1586. Die Preßplatten werden hier mit Dampf
oder Heißwasser geheizt, wobei die Zuführung des Dampfes oder Wassers von
unten (wie in der Abbildung) oder von oben erfolgen kann.

Zum Behandeln von 100, neuerdings 200 kg und mehr Celluloseplatten mit
Natronlauge und nachfolgendem Abpressen des Laugenüberschusses werden

heute in der Kunstfaserindustrie liegende, hydraulisch wirkende Pressen (Mercerisier-, Tauchpressen) für 150—250 at Druckleistung benutzt, welche die Mercerisierungswannen und die senkrechten Pressen ersetzen und dadurch eine bedeutende Ersparnis an Raum, Zeit, Lauge und Handarbeit bewirken (vgl. La soie artificielle, DRP. 270 618; Z. angew. Chem. 1912, S. 2382). — Die Maschinenfabrik M. Häusser, Neustadt a. d. Haardt (Häusser; DRP. 440 017, 445 688), baut in bezug auf die Entleerung der ausgepreßten Cellulosetafeln drei Typen, und zwar: mit aushebbarem Sammelkorb, mit Bodenausstoßklappe und mit Rückzugentleerung (Abb. 1587; vgl. *H. Schmidt*, Chem. Apparatur 1930, S. 205). Die mit Rohranschlüsen versehene Wanne A ist mittels durch Zugketten verbundene Zwischenbleche Z zur Verhinderung des Ausknickens und des Herausquetschens der einzelnen Cellulosestapel in kleine Zellen unterteilt. Das nach dem Ablassen der Lauge erfolgende Aus-

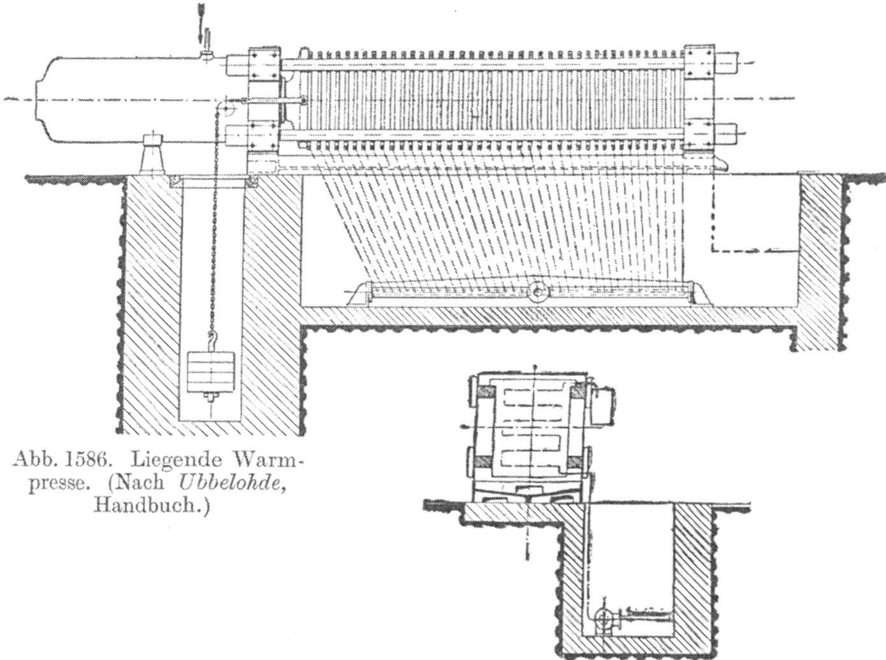

Abb. 1586. Liegende Warmpresse. (Nach *Ubbelohde*, Handbuch.)

pressen geschieht durch den Zylinderkopf des Druckkolbens G, der flüssigkeitsdicht durch die Stirnwand hindurchgeführt ist und die Bleche mit den Cellulosetafeln über den geschlossenen Entleerungsschlitz K hinweg gegen das Druckwiderlager E preßt, beim Zurückgehen wieder zurückzieht, so daß die einzelnen Stapel nach und nach durch den mittlerweile geöffneten Schlitz und die Bodenöffnung in den darunter befindlichen Zerfaserer fallen und dessen Festlaufen vermeiden. Diese Entleerungsart dauert nur 3—4 Minuten und ist anderen Arten bei weitem vorzuziehen. Die meisten anderen Pressen, z. B. die der Maschinenbaugesellschaft Karlsruhe, der Dobson & Barlow Ltd., Bolton/Lancs., und der Firma Ezio Pensotti, stoßen die Celluloseplatten durch die Hinterwand aus, die jedoch nur schwierig flüssigkeitsdicht

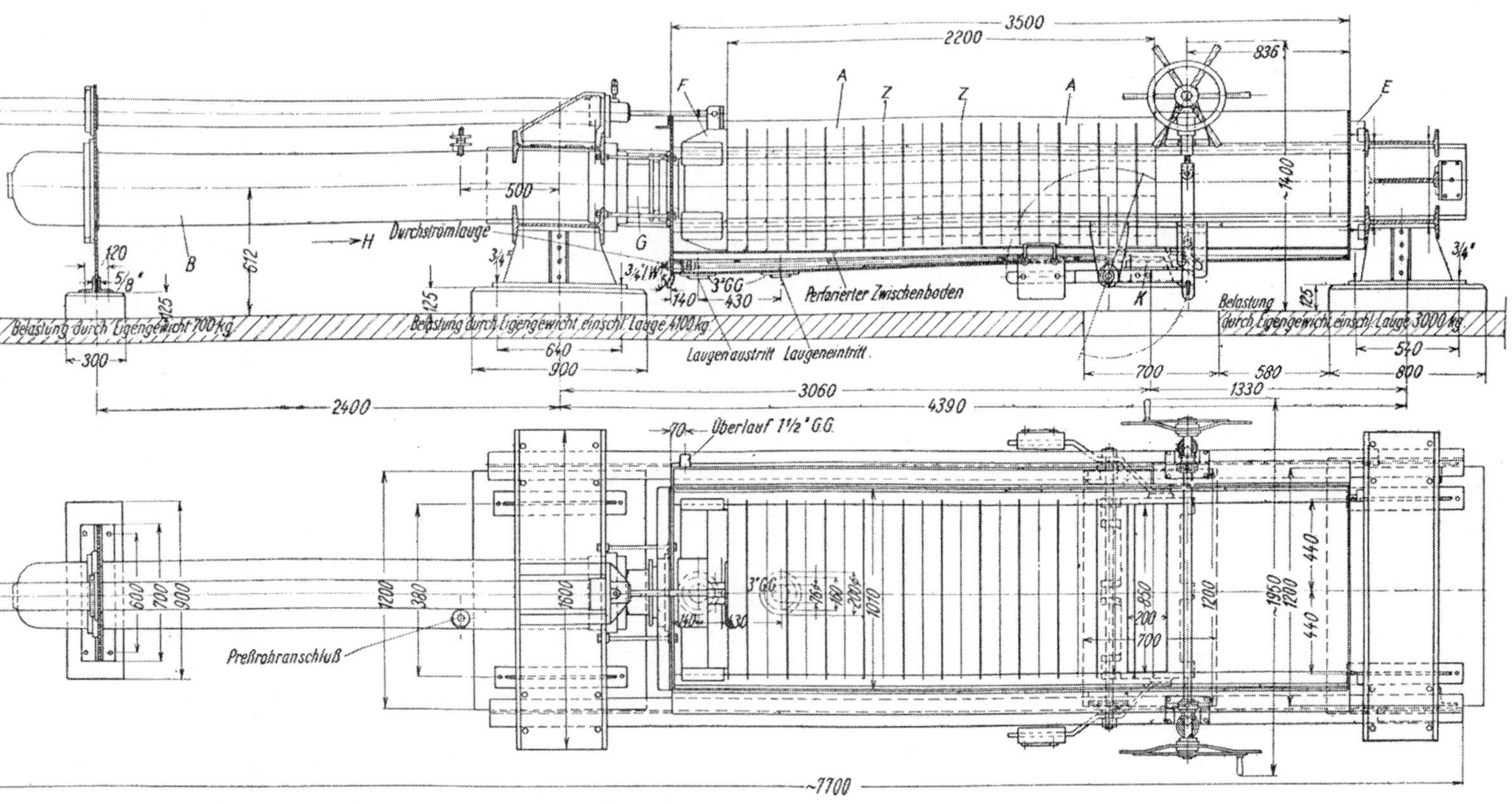

Abb. 1587. Mercerisierpresse mit Rückzugentleerung durch einen Bodenschlitz (Häusser).

zu bauen ist; sie wird nach dem Auspressen hochgehoben (Abb. 1588), worauf die Zellen auf aus der Maschine hinauslaufende Schienen geschoben und daselbst mittels eines mit einem S-förmigen Flügel versehenen Handrades auseinander gedrückt werden. Abb. 1589 zeigt eine Anlage mit vier Pressen, von denen für je zwei der Druck durch eine Dreikolbenpumpe so erzeugt wird, daß deren erster Kolben von stärkstem Durchmesser im Bereich bis zu 30 kg Druck arbeitet, der zweite von 50—100 kg und der kleinste von 100—200 kg (vgl. DRP. 513 863).[1])

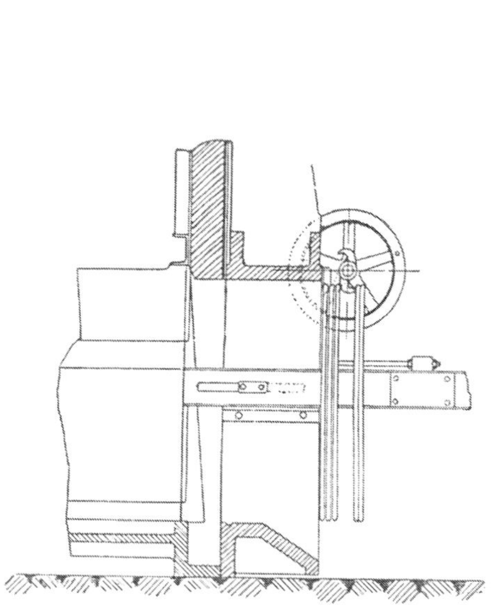

Abb. 1588.
Hinterwandentleerung an Mercerisierpressen (Pensotti).

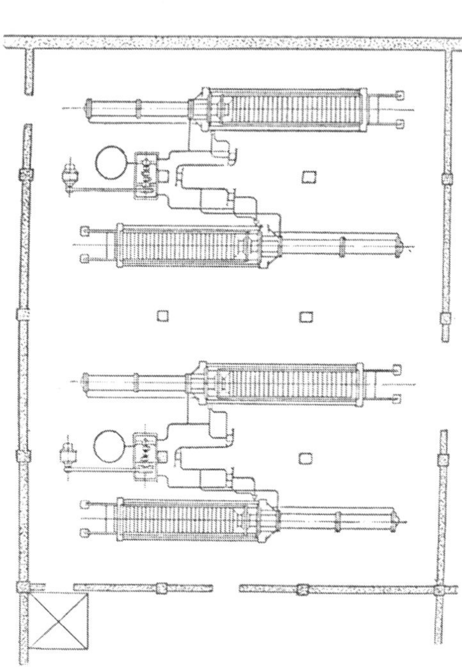

Abb. 1589. Mercerisieranlage (Pensotti).

Aus den vorerwähnten Marseiller Pressen haben sich die **Etagenpressen** (auch anglo-amerikanische Pressen genannt) entwickelt. Sie unterscheiden sich von den erstgenannten in der Hauptsache durch die größere Zahl der in der Presse eingebauten Preßplatten, die außerdem so gestaltet sind, daß das Preßgut nicht allseitig in Preßtücher eingeschlagen werden muß. Bei den Etagenpressen ist auch die Anwendung eines höheren Druckes als bei den Packpressen üblich; allerdings geht man nicht über 300 kg spez. Druck (bei 350 at Betriebsdruck) hinaus. Wegen des freien Ölablaufes ist die Ölausbeute sehr gut.

Die Ausführung einer allseitig offenen Etagenpresse zeigt Abb. 1590. Die mit Drainage versehenen Platten werden an den Preßsäulen geführt und beim Niedergang durch verschiedenartige Aufhängungen (Abb. 1591—1593) in gewisser Entfernung voneinandergehalten. Sie legen sich auf seitlich zwischen den Säulen angebrachte Leitern oder hängen mittels Kettengliedern i oder

---

[1]) Dieser Absatz über Mercerisierpressen ist ein Beitrag von H. Schmidt.

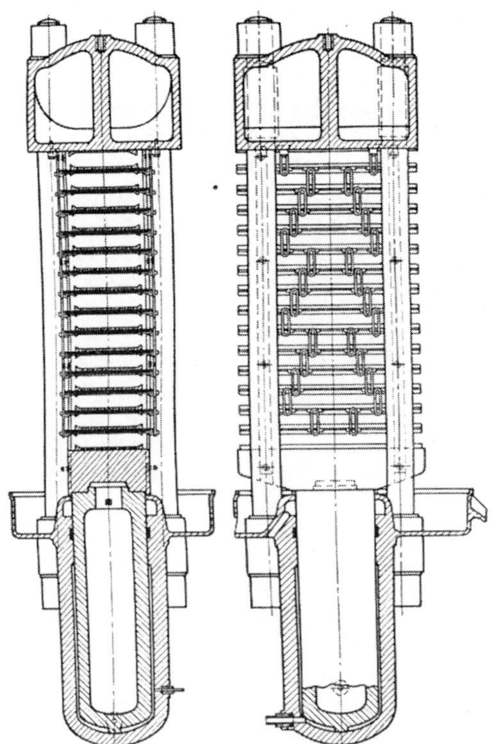

Abb. 1590. Etagenpresse mit Drainageplatten und Ölschale (Längs- und Querschnitt) (Harburger Eisen- und Bronzewerke).

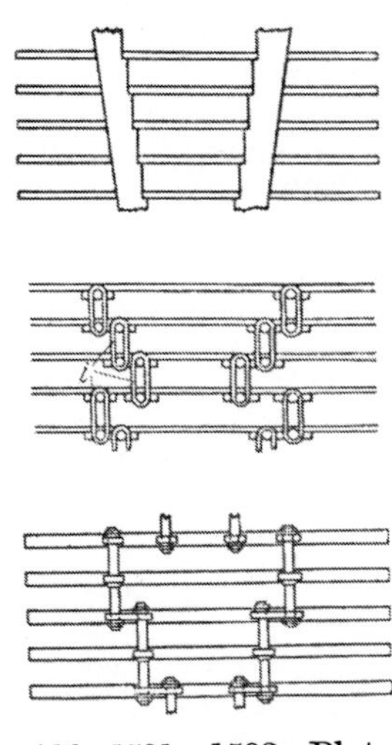

Abb. 1591—1593. Plattenaufhängungen. (Nach *Ubbelohde*, Handbuch.)

Abb. 1594. Etagenpresse mit Hubvorrichtung (Harburger Eisen- und Bronzewerke).

Bolzen aneinander. Gewöhnlich wird die Presse mit 17—18 Platten gebaut, da sich bei größerer Plattenzahl die Beschickung ohne besondere Hubvorrichtungen zu schwierig gestaltet. (Krupp-Grusonwerk, Harburger Eisen- und Bronzewerk und einige andere Firmen liefern aber neuerdings auch Pressen mit 25 Platten). Eine Presse mit 21 Platten, die eine derartige Hubvorrichtung enthält, bauen die Harburger Eisen- und Bronzewerke (Abb. 1594). Hier sind die obersten 14 Platten so weit voneinander aufgehängt, daß die untersten 7 Platten bei dem tiefsten Stand des Kolbens dicht aufeinanderliegen. Nach Beschickung der oberen 14 Platten werden diese dann mit einem kleinen, auf dem Preßkolben sitzenden Hilfskolben und durch vier Zugstangen nach aufwärts gezogen, wobei die untersten 7 Platten so weit auseinandergehen, daß auch sie beschickt werden können. Das Entleeren erfolgt in umgekehrter Reihenfolge.

Von besonderer Bedeutung für die Wirtschaftlichkeit des Betriebes und die Leistungsfähigkeit der Etagenpressen ist die Ausführung der Preßplatten; diese sollen bei der Ölgewinnung aus Saaten das Treiben der Saat verhindern,

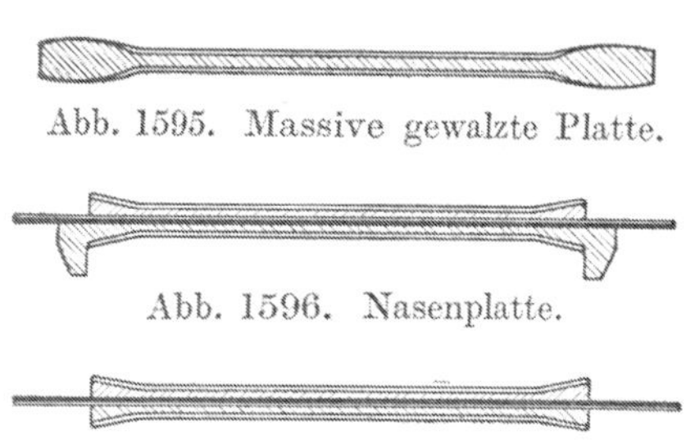

Abb. 1595. Massive gewalzte Platte.

Abb. 1596. Nasenplatte.

Abb. 1597. Gewöhnliche Verbundplatte.

Abb. 1595—1597. Ausführungsformen von Preßplatten (Harburger Eisen- und Bronzewerke).

den Ölablauf erleichtern und eine Erhöhung der Drucksteigerungsgeschwindigkeit ermöglichen. Abb. 1595, 1596, 1597 (Harburger Eisen- und Bronzewerke) zeigen drei häufig verwendete Ausführungen von Preßplatten. Die Platten bestehen aus Stahl und werden aus einem Stück gewalzt (Abb. 1595), oder sie bestehen aus einem Zwischenblech mit beiderseitig aufgenieteten Gußplatten (Abb. 1596 u. 1597), auch Verbund- oder Compoundplatten genannt, oder sie sind aus einem Stück gegossen. Es ist eine große Zahl von Vorschlägen gemacht worden, und die verschiedensten Ausführungen wurden patentiert. — Beim Pressen unter Verwendung von Preßplatten geht das Öl vom Kuchen in das Pressentuch und in diesem an der Platte entlang bis zum Rand. Indem

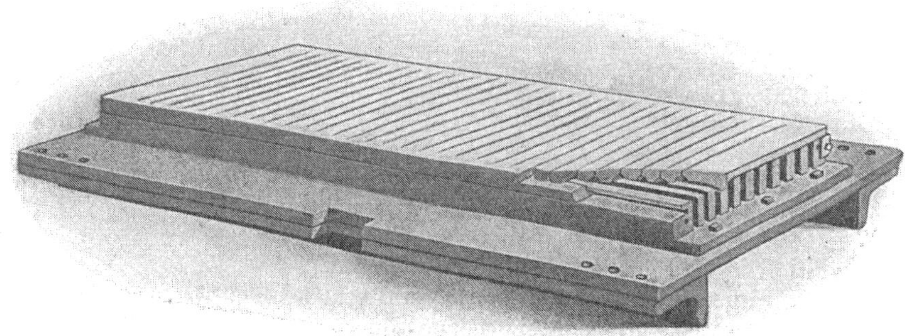

Abb. 1598. Drainageplatten für Schachtelpressen (Bushnell Press Co).

man die Platten mit gut durchlässigen Matten aus Wolle, Tierhaaren u. dgl. belegt, kann der Ölablauf verbessert werden. Über der Matte wird dann noch ein glattes, perforiertes Blech angebracht, das mit Nieten auf der Preßplatte befestigt ist.

Sehr wirksam sind auch die sog. Drainageplatten, die besonders bei Schachtelpressen (s. unten) Verwendung finden; Abb. 1598 und 1599 zeigen solche Platten. Bei der erstgenannten Ausführung sitzt die Stahlplatte auf zwei unter 90° gekreuzten Stahlrosten. Das Öl tritt durch die schmalen, konischen Schlitze des oberen Rostes in die weiteren Schlitze des unteren und läuft in ihnen ab; die beiden unteren Randleisten sind angenietet. Diese Drainageplatten können auch für Beheizung eingerichtet werden, besitzen dann aber erhebliche Dicke. Abb. 1599 gibt eine Bauart der Fa. Joh. Reinartz, Neuß, wieder. Manchmal wird die Platte auch aus Bronze hergestellt, was beim Verpressen von Saaten für die Farbe des gewonnenen Öles günstiger sein soll.

Schachtelpressen (sog. halboffene Etagenpressen) unterscheiden sich von den Etagenpressen lediglich durch die Form der Preßplatten. Sie haben sich besonders bei der Verarbeitung von Baumwoll- und Sonnenblumensaat bewährt. Ein Nachteil dieser Bauart besteht darin, daß sie im Vergleich mit einer Etagenpresse bei gleicher Höhe wegen der wesentlich dickeren Platten geringere Leistungsfähigkeit besitzen wie jene; sie bieten jedoch den Vorteil,

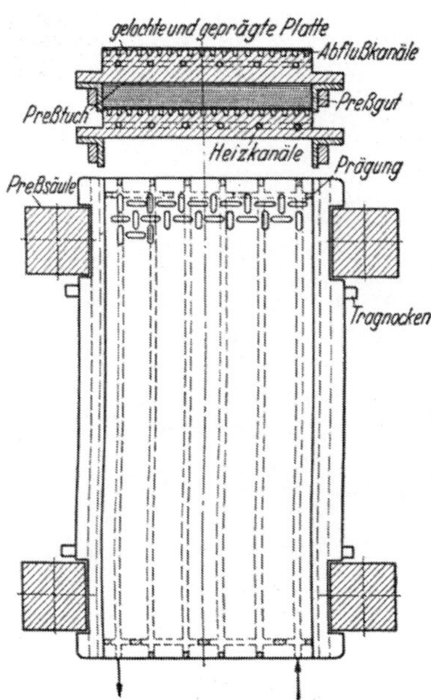

Abb. 1599.
Drainageplatte für Schachtelpressen (Joh. Reinartz, Neuß).

Abb. 1600. Schachtelpresse (Krupp-Gruson).

daß der Abschluß der Kuchen an der Längsseite besser ist. Die Kuchen brauchen daher an den Längsrändern nicht beschnitten zu werden. — Eine Schachtelpresse der Fried. Krupp-Grusonwerk-A.-G., Magdeburg, zeigt Abb. 1600. Sie besitzt 14 Platten von besonderer Ausführung, die eigentlich Preßkästen ähneln. Der Boden eines solchen Kastens wird durch eine mit feiner Lochung versehenen Platte mit darunterliegendem Ölablaufkanal gebildet und ist auf einer mit Ölfangschale versehenen Stahlgußplatte befestigt. Die ebenfalls aus feingelochten Platten bestehenden Längsseiten sind, ebenso wie der aus einer gewellten Platte bestehende Deckel, am Unterteil des darüber liegenden

Kastens befestigt. Diese Bauart ermöglicht ein leichtes Auswechseln und
Reinigen, und da das Öl auf Bodenfläche, Breitseite und auch Längsseiten
austreten kann, ist ein schnelles und leichtes Arbeiten gewährleistet. Das ab-
fließende Öl wird allseitig durch Ölschalen aufgefangen und hinten nach der
untersten Schale geleitet, von wo es nach einem Sammelbehälter abfließt.

II. Stetig arbeitende Pressen: Die stetig arbeitenden Pressen haben
gegenüber den anderen Pressenbauarten den Vorteil, daß sie sehr leistungs-
fähig sind und verhältnismäßig billig arbeiten, da die Bedienungskosten gering
sind und, soweit es sich um Schneckenpressen und verwandte Konstruktionen

Abb. 1601. *Meinberg*-Presse (Ansicht) (Harburger Eisen- und Bronzewerke).

handelt, die Kosten für Preßtücher, Preßdeckel u. dgl. ganz fortfallen. Bei
der Ölgewinnung werden die stetig arbeitenden Pressen zum Vor- und Nach-
pressen sowie zur einmaligen Pressung vorteilhaft benutzt; sie finden auch
vielfach Verwendung in der chemischen Industrie zum Entwässern von
pflanzlichen und faserigen, griffigen Stoffen.

1. Automatische Pressen. Eine sehr leistungsfähige Ausführung dieser
Art ist die von den Harburger Eisen- und Bronzewerken gebaute *Meinberg*-
Presse (Abb. 1601, 1602). Es handelt sich hier um eine vollständig selbsttätig arbeitende, liegende Seiherpresse, die sich bei der Verarbeitung ölreicher
Früchte (Palmkerne, Babassunüsse, Kopra, Sonnenblumenkerne) besonders
bewährt hat. Sie preßt in 4—6 Minuten das Gut auf die Hälfte des Ölgehaltes
aus. Der Preßkasten faßt etwa 300 kg. Bedienungskosten sind sehr niedrig,
da für 2—3 Maschinen nur ein Mann zur Aufsicht während des Betriebes erforderlich ist.

Der Preßraum wird durch die feststehenden Seitenwände *a* und durch die hydraulisch betätigten oberen und unteren Schieber *b* und *c* sowie durch den Holm *d* und den Kolbenkopf *e* gebildet. Gesteuert wird die Presse selbsttätig durch einen Hebel am Ventil, wobei zuerst die untere Schieberplatte die Ausfallöffnung des Preßraumes schließt und kurz vor ihrer Endstellung die mecha-

nisch betätigte Füllvorrichtung einrückt. Der hin- und hergehende Füllkasten *f* geht über den Preßraum hinweg, indem er ihn hierbei füllt. Kurz vor Rückführung des Füllkastens in seine Ausgangsstellung wird von ihm das Ventil zur Betätigung der oberen Schieberplatte *c* eingeschaltet. Diese schiebt sich über den Preßraum, schließt ihn vollständig ab und bewegt gleichzeitig das Anlaßventil für den Hauptkolben, wodurch die Pressung beginnt. Das abgepreßte Öl fließt durch die gelochten Seiherwände ab und wird von der unteren, mit einer Ölrinne versehenen Schieberplatte aufgefangen und abgeleitet. Nach Beendigung des Pressens wird durch Rückbewegung des Ventilhebels die Entleerung der Presse veranlaßt, indem der Preßraum durch Rückzug der Schieberplatte geöffnet wird. Hierbei wird auch der Preßkolben durch die Schiene *h* zurückgezogen. Unterhalb der Presse ist ein Brecher *i* angeordnet, auf den der

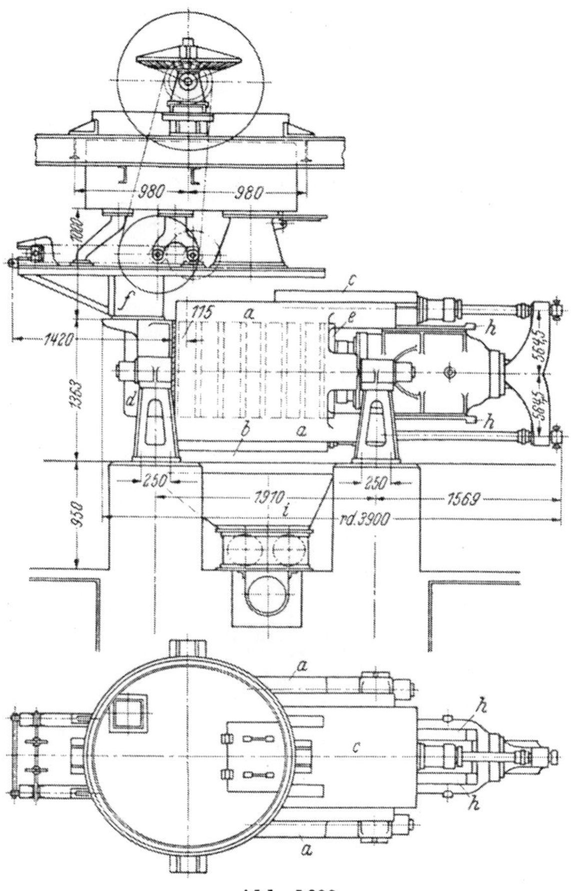

Abb. 1602.
Schnittzeichnung einer *Meinberg*-Presse (Harburger Eisen- und Bronzewerke).

Kuchen fällt, und von wo aus er durch Schnecken oder Elevator abtransportiert wird.

2. Schneckenpressen, auch Schraubenpressen genannt, haben den unstetig arbeitenden und besonders allen hydraulischen Pressen gegenüber bedeutende Vorteile. Sie arbeiten vollkommen selbsttätig. Die Zeit und Arbeit, die sonst für das Füllen und Entleeren erforderlich ist, fällt hier fort. Preßdeckel, Preßtücher wie auch besondere Füll- und Ausstoßvorrichtungen, Kuchenformmaschinen usw. sind nicht nötig. Als weitere Vorteile sind zu nennen: die verhältnismäßig einfache Konstruktion; der geringe Platzbedarf;

die Möglichkeit, die Pressen ohne besondere Fundamente aufzustellen; die geringe Bedienung während des Betriebes (ein Mann genügt für bis zu zehn Pressen) und, durch alle diese Umstände bedingt, verhältnismäßig niedrige Anlage- und Betriebskosten. Soweit es sich um Verwendung der Schneckenpressen zur Ölgewinnung aus Saatgut und Früchten handelt (und das ist heute wohl überwiegend der Fall), ergeben sich aber auch Nachteile: wenn z. B. die Ölgewinnung in einem einzigen Preßgang möglichst vollkommen durchgeführt werden soll, so muß der Presse das Preßgut in weitgehend zerkleinerter Form zugeführt werden. Dies hat aber zur Folge, daß man einen ungewöhnlich großen Trubanteil erhält, was unerwünscht ist, da dieser sowohl bei der Filtration als auch bei späterer Raffination Schwierigkeiten bereitet. Dementsprechend verwendet man heute Schneckenpressen häufig in solchen Fällen, wo es nicht darauf ankommt, den gesamten Ölgehalt einer Saat in einem einzigen Arbeitsgang zu gewinnen; die Pressen verarbeiten dann als Vorpressen vorzerkleinertes Gut, wobei der Betrieb so geführt werden kann, daß eine übermäßige Trubbildung vermieden wird. Das unvollkommen entfettete Material, das die Presse verläßt, geht dann nach nochmaliger Zerkleinerung zu den hydraulischen Pressen oder zur Extraktion.

Abb. 1603. Schneckenpresse (Krupp-Gruson).

Eine vom Krupp-Grusonwerk gebaute Schneckenpresse zeigt Abb. 1603. Diese Presse besteht aus dem Gestell mit den Antriebsteilen, einem waagerechten Seiher, einer Preßwelle mit Preßschnecken und gegebenenfalls einer ein- oder mehrfachen Wärmpfanne mit Rührwerk (oder Wärmtrog). Der Preßdruck wird durch mehrere auf einer Welle (Preßwelle, Schneckenwelle) sitzende stählerne Preßschnecken, die in der Größe allmählich abnehmen, erzeugt. Form, Abmessungen und Gewindesteigung der Schnecke richten sich nach dem zu verarbeitenden Material. Den Axialdruck der Schneckenwelle nimmt ein Sonderlager für hohen Druck auf. Unter dem Seiher liegt ein Ölfangblech, von dem das Öl in eine seitlich angebrachte Ölsammelrinne geleitet wird, in der ein Sieb zur teilweisen Abscheidung des Trubs vorgesehen ist. Im Gestell liegt der aus Stahlstäben zusammengesetzte, geteilte Seiher, in dem sich die

Abb. 1604. Entwässerungspresse (Krupp-Gruson).

Schneckenwelle bewegt. Um eine Radialbewegung des Preßgutes im Seiher zu vermeiden, sind an den Seiherteilstellen zwei sog. Führungsmesser eingelegt. Mit einer durch Stellrad einstellbaren Vorrichtung an der Austrittsöffnung des Seihers kann man den Austrittsspalt für die Rückstände (etwa handgroße schalenförmige Kuchenstücke) verringern oder erweitern und dadurch den Druck im Seiher nach Bedarf regeln. Im Einlauftrichter der Presse befindet sich eine selbsttätige, senkrecht angeordnete Stopfvorrichtung, durch die eine gleichmäßige Beschickung erzielt und das eingefüllte Gut bereits etwas vorgepreßt wird. Wenn sich der Widerstand zu stark erhöht, bleibt die Stopfschnecke so lange stehen, bis der Druck im Seiher wieder abgenommen hat; auf diese Weise wird der Zulauf des Gutes selbsttätig geregelt. Der Antrieb der Presse erfolgt durch Riemen oder über ein Untersetzungsgetriebe direkt vom Motor aus. Zur Verarbeitung eines Gutes, dessen Erwärmung erforderlich ist, sind über der Presse mit Dampf geheizte und einem Rührwerk versehene, doppelte, drei- oder mehrfache Wärmpfannen angebracht.

    Die beschriebene Presse ist zum Vor-, Nachpressen und zu einmaliger Pressung

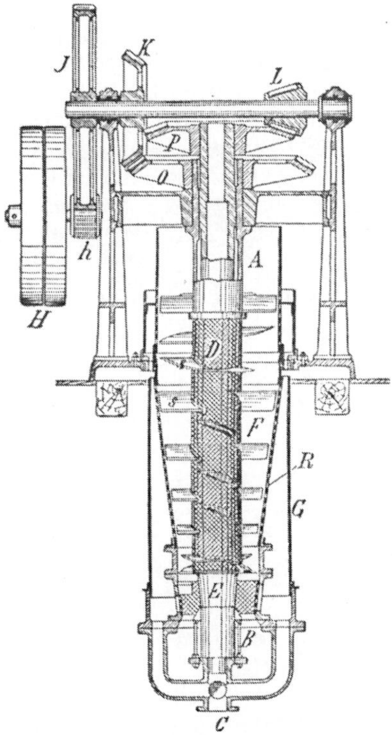

Abb. 1605. Entwässerungspresse
für Rübenschnitzel
(Sangerhäuser Maschinenfabrik).

von Ölsaat, Früchten und anderen öl- und fetthaltigen Stoffen (mit geringer Änderung aber auch als Entwässerungspresse) geeignet. Sie zeichnet sich durch besondere Einfachheit im Aufbau und im Betriebe aus und erfordert daher auch nur verhältnismäßig geringe Instandhaltungs- und Betriebskosten. Dadurch wird es auch möglich, daß ein Mann unter Umständen 10 Pressen bedienen kann, da sich die Bedienung ja lediglich auf eine Beaufsichtigung des Zu- und Ablaufes und der Erwärmung des Preßgutes erstreckt. Für große Leistung bei hoher Ölausbeute sind die mit Stufenseiher versehenen Pressen des Krupp-Grusonwerkes geeignet. Sie ähneln grundsätzlich der vorbeschriebenen Ausführung. Nur ist der Seiher nicht über die ganze Länge von gleichem Durchmesser, sondern von der Einlaufseite nach dem Auslauf hin stufenförmig abnehmend. Der Preßdruck wächst daher mit abnehmendem Seiherdurchmesser und ist am Auslauf am höchsten. Auf diese Weise wurde besonders die Leistung beim Vorpressen von Ölsaat gesteigert. — Die Ansicht einer Entwässerungspresse (Krupp-Grusonwerk) zeigt Abb. 1604. Auch hier wird der Druck im Seiher durch Verstellung des Austrittsspaltes nach Bedarf geregelt. Die Leistung der Presse, d. h. die Menge des zu verarbeitenden Aufgabegutes, steigt und fällt mit der Umdrehungszahl der Schnecke.

Die Sangerhäuser Aktien-Maschinenfabrik, Sangerhausen, baut (nach *Klusemann-Berggreen*) zur Entwässerung ausgelaugter Zuckerrübenschnitzel eine Schneckenpresse, die in Abb. 1605 wiedergegeben ist. Die oben bei A aufgegebenen Schnitzel gelangen in den Raum F, der sich nach unten zu konisch verjüngt und mit einem Blech G umgeben ist. Hier wird auf das Preßgut durch die auf der Welle D schraubenförmig angeordneten Druckmesser S ein zunehmender Druck ausgeübt. Die ausgepreßten Schnitzel werden bei B ausgestoßen. Um eine zu starke Zerreißung der Schnitzel zu vermeiden, ist in die Welle D eine langsamer laufende Welle E eingesteckt; der Antrieb beider Wellen erfolgt durch die Zahnradpaare OK und PL (von HhJ) aus, wobei E und D in entgegengesetzter Richtung gedreht werden und E langsamer läuft als D. Das ausgepreßte Wasser fließt durch den mit Löchern versehenen Mantel R und die gelochte Welle nach C ab.

Lit.: *L. Ubbelohde*, Handbuch der Chemie u. Technologie der Öle u. Fette (Leipzig 1929, Hirzel). — *Ost-Rassow*, Lehrbuch der Chemie u. Technologie (Leipzig 1936, Jänecke). — *E. Berl*, Chemische Ingenieur-Technik (Berlin 1935, Julius Springer). — *O. Dammer*, Chemische Technologie der Neuzeit (Stuttgart 1923, Enke). — *M. Dolch*, Betriebsmittelkunde für Chemiker (Leipzig 1929, Spamer). — *H. Fischer*, Technologie des Scheidens, Mischens u. Zerkleinerns (Leipzig 1920, Spamer).

Hirschbrich.

Preßzell, s. Hartpapiere.

Probenehmer. Aus offenen Gefäßen kann eine Probe von flüssigen oder festen Stoffen mit einem Löffel oder einer Kelle ohne Schwierigkeiten entnommen werden, wobei es jedoch nicht möglich ist, eine Probe aus den unteren Schichten des Gefäßes zu erlangen. Soll dies ermöglicht werden oder soll eine Probe aus einem geschlossenen Gefäß entnommen werden, so müssen besondere Vorrichtungen an den betreffenden Apparaten dazu angebracht werden.

Die einfachste Vorrichtung ist der Probenehmerhahn nach Abb. 1606, der aus einem an die Gefäßwand genieteten Gehäuse und einem auf der einen Seite mit einer Vertiefung versehenen Küken besteht. Durch eine Drehung des Hahns gelangt die in der Vertiefung befindliche Flüssigkeit nach außen. Eine größere Flüssigkeitsmenge kann mit der auf Abb. 1607 dargestellten, für Verdampfer vorgesehenen Vorrichtung entnommen werden. Ein zylindrisches Gefäß, das oben und unten mit Hähnen zur Entleerung versehen ist (Abb. 1608), ist durch zwei absperrbare Leitungen mit den Räumen über und unter der Heizkammer verbunden. Führt man die untere Leitung in das Innere des Verdampfkörpers hinein, so kann man auch Proben aus dem Inneren entnehmen.

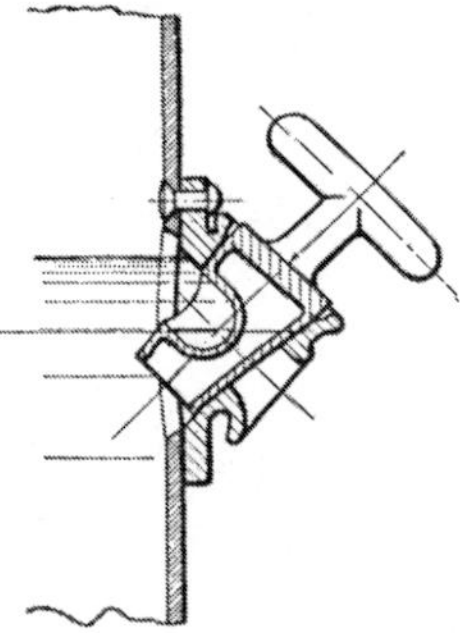

Abb. 1606. Probenehmerhahn.

Einen von *Kummer* angegebenen Probenehmer (Chem. Apparatur 1927, S. 2) zeigt Abb. 1609. Ein in die zu untersuchende Masse hineinragendes Rohr *a*, das an den Stellen, wo die Probenahme erfolgen soll, mit Öffnungen *b* versehen ist, umgibt ein zweites Rohr mit entsprechenden Öffnungen *d*. Durch Drehen des inneren Rohres mit Hilfe der Griffe *i—k* können die Löcher geöffnet oder verschlossen werden. In dem Innenrohr *c* ist eine mit Scheiben *e* versehene, zur Entlüftung beim Niedergang als Rohr ausgebildete Kolbenstange *f* angeordnet, mit der durch Anheben des Handrades *l* die an einer beliebigen Stelle entnommene Probe herausgezogen werden kann.

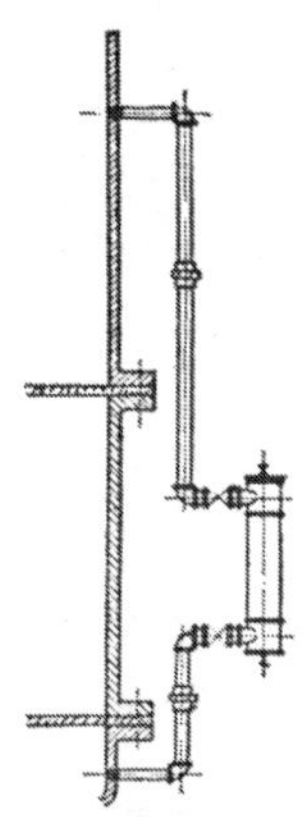

Abb. 1607. Probenehmer an einem Verdampfer.

Neben diesen von Hand zu betätigenden Probenehmern gibt es auch selbsttätig wirkende Geräte, die sich besonders bewähren, wenn es sich darum handelt, aus großen Mengen von Flüssigkeiten laufend Proben zu nehmen. Einen derartigen Apparat (Feinmechanische Werkstatt „Proba", Bremen) zeigt Abb. 1610 (Chem. Fabrik 1931, S. 160). Die Flüssigkeit durchfließt zwei übereinander angeordnete Trichter, von denen der obere regelmäßig einen Teil des Stromes abzweigt und dem unteren Trichter zuführt, der über einer Reihe von Auffanggefäßen kreist. Das für den Betrieb des Gerätes erforderliche Gefälle beträgt 50 cm.

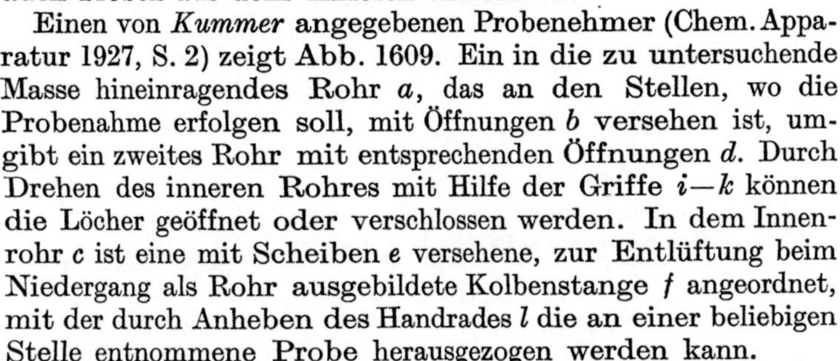

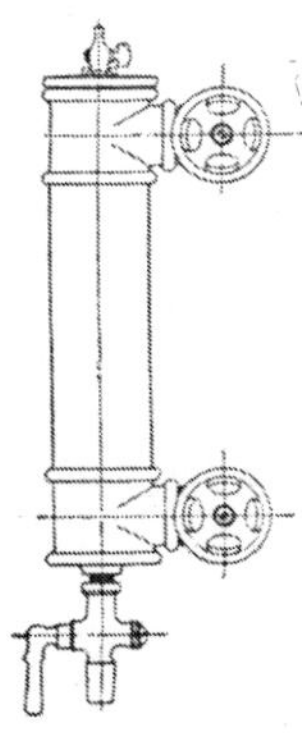

Abb. 1608. Probenehmergefäß für Flüssigkeiten.

In der auf Abb. 1610 dargestellten Ausführung strömt die Flüssigkeit im Ruhezustand durch Rohr *15* in den oberen Trichter *17* und über die Rinne *16* unmittelbar in den Ablauf *22* des unteren Trichters, der zwei Rinnen *18* und *34* enthält und mit der Mutter *9* auf der inneren Achse *8* befestigt ist, und durch den mittleren Ablauf *33* der Segmentplatte ins Freie. Während der Probenahme dreht sich der Trichter *17* einmal um seine Achse und gießt während der Drehung die Flüssigkeit in die äußere Rinne *34* des unteren Trichters, von wo sie durch Ablauf *23* sowie Segment *14* der Segmentplatte in die Flaschen *32* gelangt. Durch Verstellung zweier Wehre in der Rinne *34* kann die Probe beliebig verkleinert

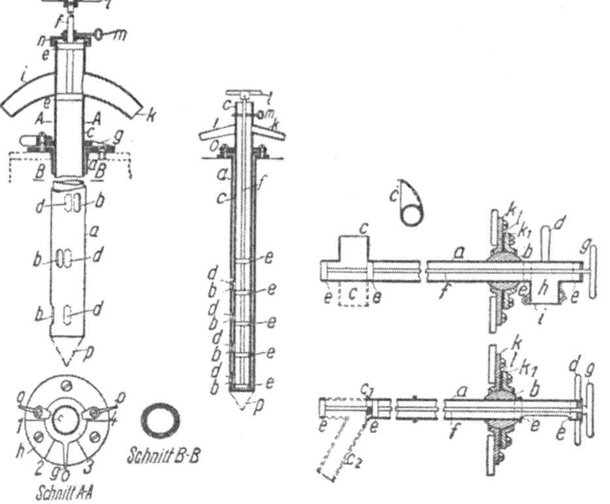

Abb. 1609. Probenehmer.

Linke Ausführung

a Außenrohr	*e* Scheiben	*l* Handrad
b Öffnungen im Rohre	*f* Kolbenstange	*m* Feststellstift
c Innenrohr	*g* Zeiger	*n* Deckel
d Öffnungen im Rohr *c*	*h* Flansch	*o* Halter
	i Griff	*p* Spitze
	k Griff mit Auslauf	

Rechte Ausführung

a Rohr	*e* Scheiben	*k* Flansch
b Gelenkkugel	*f* Kolbenstange	*l* Dichtung
c Öffnung mit Schaufel	*g* Handrad	k^1 Außenflansch
d Griff	*h* Öffnung	
	i Deckel	

werden, indem ein Teil durch die Öffnung *20* in den Auslauf *22* gedrängt wird. Wenn eine bestimmte Probemenge in die Flasche *32* gelangt ist, dreht sich der untere Trichter bis zum nächsten Segment und zur folgenden Flasche weiter. Im Regelfall sind 24 Flaschen vorhanden. Der Porzellandeckel *12* und der Glaszylinder *13* schließen die einzelnen Teile nach außen dicht ab. Die beiden Achsen *7* und *8* sind auf zwei ineinandersteckenden Buchsen befestigt, die mit dem Triebwerk in Verbindung stehen. Das Triebwerk ist in einem Gehäuse *10* untergebracht, das auf der vom Gestell *1* getragenen Platte *2* aufgebaut ist. Es besteht aus dem Laufwerk *A* für den unteren Trichter, dem Laufwerk *B* für den oberen Trichter und dem Uhrwerk *C* für die Regelung. Das Uhrwerk dreht über ein auswechselbares Getriebe w_1, w_2 die beiden Regelschnecken *a* und *e* und bestimmt so den Ablauf der Werke *A* und *B*. Das Uhrwerk läßt sich um die Achse *D* zurückschwenken und durch die Muttern *m* auf der Achse *D* verschieben, so daß die Räder w_1 und w_2 sich leicht auswechseln lassen. Die verstellbare Scheibe *S* setzt nach Füllung der Flaschen in der gewünschten Zahl über *b* den Hebel *H* in Bewegung, hält die Unruhe fest und setzt das ganze Triebwerk still. Durch Auswechseln der Räder w_1 und w_2 läßt sich die Laufzeit von einem Tag bis zu einer Woche verändern. — Da eine Kraftzufuhr nicht erforderlich ist, kann das Gerät überall aufgestellt werden. Durch Zugabe von Indikatoren in die Flaschen können kolorimetrische Anzeigen verschiedener Art mit der Probenahme verbunden werden. (Nach *H. Gehle*, Chem. Fabrik 1931, S. 159.) Thormann.

Prodorit, s. Sonderbeton.

Propellerrührwerke, s. Rührvorrichtungen.

Propellerventilatoren, s. Schraubenradgebläse.

Prüfflansche, s. Meßflasche.

Prüfvorrichtungen, s. Kontrollapparate, Meßvorrichtungen.

Psychrometer, s. Feuchtigkeitsmesser.

Pulsometer sind kolbenlose Vorrichtungen zur Förderung von Flüssigkeiten mit ein oder zwei Kammern, die periodisch gefüllt und durch Verdrängen mit Druckluft oder Dampf (Dampfdruckpumpen) selbsttätig entleert werden.

Die Dampf-Pulsometer, die meistens mit zwei Kammern arbeiten, müssen mit einer Dampfspannung betrieben werden, die immer 1—1,5 kg/cm², besser 2 kg/cm², höher ist als der Druck der zu hebenden Wassersäule. Mit 1 kg Dampf erzielt man ungefähr eine Leistung von 3000—5000 mkg gehobenen Wassers. Der Dampf tritt durch ein Verteilungsorgan in die eine Kammer ein und drückt die darin befindliche Flüssigkeit in das Steigrohr. Das Steuerorgan, das den Dampf wechselweise auf die beiden Kammern verteilt, besteht aus einem Kugel- oder Klappenventil oder einer sog. Dampfzunge, die jedoch den Nachteil hat, daß der Pulsometer genau senkrecht aufgestellt werden muß. Kugelventile sind besonders geeignet, wenn die zu fördernden Flüssigkeiten stark verunreinigt sind. Nach Entleerung der Kammer tritt ein Teil des gehobenen Wassers durch die Einspritzvorrichtung in die Kammer zurück und verdichtet den darin befindlichen Dampf, wonach das Steuerorgan den Dampfeintritt absperrt. Durch diese Umsteuerung wird die andere Kammer geöffnet und die darin befindliche Flüssigkeit herausgedrückt, während die andere Kammer sich infolge der Luftleere aus dem Saugrohr füllt. Um die Wasseroberfläche zu beruhigen und Stöße zu vermeiden, wird durch Luftventile während der Ansaugzeit etwas Luft eingezogen. Durch die Kondensation des Dampfes erwärmt sich das Wasser, so daß sich die Dampfpulsometer zur Förderung von Kühlwasser weniger eignen als die mechanisch wirkenden Pumpen (s. d.). Die Erwärmung beträgt bei einer Förderhöhe bis zu 10 m 1,5—2°, von 10 bis zu 20 m 2,0 bis 3,5°, von 20 bis zu 30 m 3,5—5,0°, von

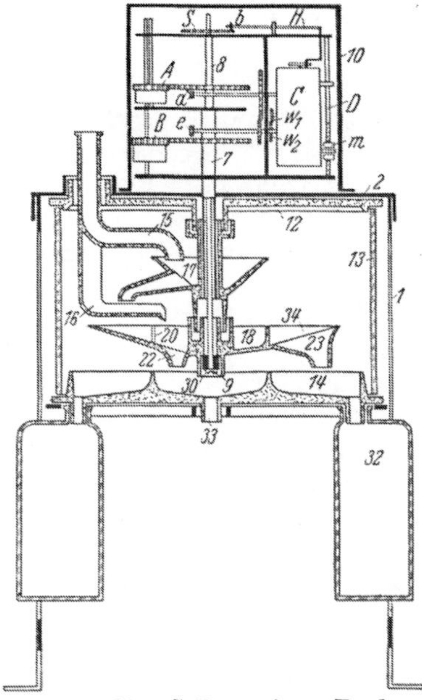

Abb. 1610. Selbsttätiger Probenehmer für Flüssigkeiten (Proba).

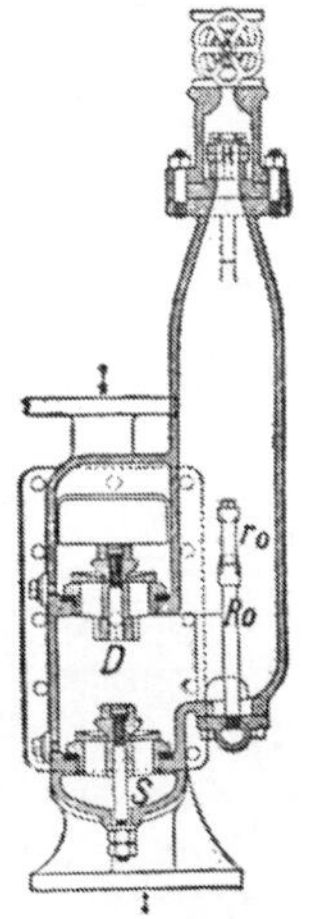

Abb. 1611. Zweikammerpulsometer, Seitenriß (Schäffer & Budenberg).

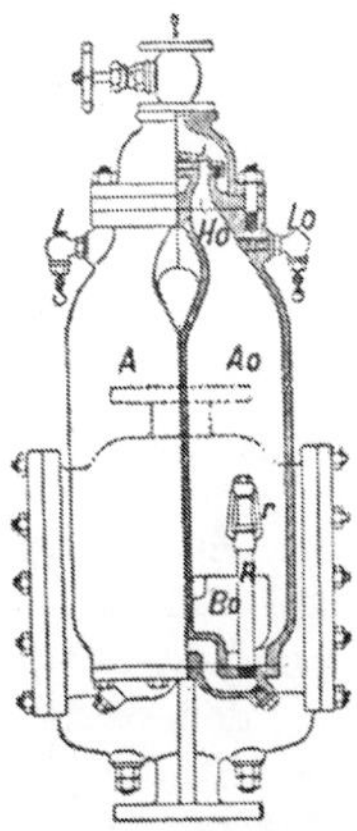

Abb. 1612. Zweikammerpulsometer, Aufriß (Schäffer & Budenberg).

30 bis zu 40 m 5,0—7,0°, von 40 bis zu 50 m 7,0—9,0°. Erhebliche Dampfschwankungen können sich auf den Betrieb der Pulsometer ungünstig auswirken. Dampfpulsometer werden meist in Gußeisen, die Armaturen aus Bronze hergestellt. Für die Förderung von Säuren werden sie auch aus Hartblei gebaut.

Einen mit Dampf betriebenen Zwei-Kammer-Pulsometer zeigen Abb. 1611 und 1612. Durch periodisches Öffnen und Schließen des Dampfventils wird der Apparat zunächst mit Wasser gefüllt. Öffnet man dann vorsichtig das Dampfventil, so tritt der Dampf in eine der Kammern A—Ao, während die andere Kammer durch die Klappe i geschlossen ist, und drückt das Wasser durch das Ventil D fort. Sinkt nun in der Druckkammer der Wasserstand unter die Oberkante der Öffnung B oder Bo, so vergrößert sich plötzlich die Wasseroberfläche. Dadurch entsteht zugleich eine bedeutend gesteigerte Kondensation. Diese bewirkt ein schnelleres Zuströmen des Dampfes. Dadurch wird die Klappe i mitgerissen, so daß der Dampf, dem hierdurch der Eintritt in die bisher arbeitende Druckkammer abgeschnitten wird, Zutritt zu der anderen Kammer erhält. Während sich diese in der beschriebenen Weise entleert, füllt sich die erste Kammer infolge der Kondensation des abgesperrten Dampfes wieder. Um ein gutes und regelmäßiges Arbeiten des Apparates zu erzielen, müssen Druck- und Saugperiode in beiden Kammern gleichzeitig abschließen. Man läßt deshalb durch die mit Ventilen r und r_o versehenen Rohre R und R_o aus der Druckkammer Wasser in die Kondensationskammer einspritzen. Je stärker der Druck ist, d. h. je schneller sich eine Kammer entleert, desto stärker ist Einspritzung und Kondensation in der anderen und desto schneller füllt sich diese. Bisweilen arbeitet man auch ohne äußere Einspritzung, also lediglich mit Kondensation durch das angesaugte Wasser. Zum Abschwächen der Kondensationsstöße dienen die lufteinsaugenden Ventile L und L_o. Die Saughöhe richtet sich nach der Druckhöhe und ist um so größer, je höher die letztere ist. Dampfpulsometer werden ungefähr für Druckhöhen bis zu 30 m und bis zu 2000—3500 l/min Leistung, in Einzelausführungen auch bis 7000 l/min und bis 80 m Förderhöhe gebaut. Bei Hubhöhen über 50 m Höhe wendet man meist mehrere hintereinandergeschaltete Pulsometer an.

Die Dampfpulsometer der beschriebenen Bauart haben in chemischen Betrieben den Nachteil, daß wasserlösliche Flüssigkeiten durch den kondensierenden Dampf verdünnt und, soweit organische Flüssigkeiten in Betracht kommen, infolge der geringen Verdampfungswärmen höher erwärmt werden als es bei Wasser nach den oben aufgeführten Zahlen der Fall ist. Man kann sich helfen, indem man den Dampfraum durch eine Membran (s. d.) wie bei den Membranpumpen (s. Pumpen) von dem Flüssigkeitsraum trennt. Da der Hub der Membran begrenzt ist, fällt der Flüssigkeitsraum dieser kolbenlosen Membrandampfpumpen, wie man sie auch bezeichnet, sehr klein aus. Wie bei den oben genannten Dampfpulsometern wird auch bei diesen Geräten das Hin- und Herschwingen der Membran durch Einleiten von gespanntem Dampf und nachfolgender Verflüssigung durch Kühlwasser in stetigem Wechsel erzeugt. Eine derartige Membrandampfpumpe, System *Hausmann* (Richard Frühling, Burg bei Magdeburg), zeigt Abb. 1613 (Chem. Apparatur 1936, S. 16). An das eigentliche Förderrohr, das oben mit einem Druck- und unten mit einem Saugventil verbunden ist, ist die Membrankammer angegossen. Auf der anderen Seite der Membran befindet sich der Steuerapparat. Man erkennt auf der Abbildung oben das Dampfeinlaßventil, unten den Kühlwassereinlauf und darüber den Warmwasserablauf. Die notwendige Kühlwassermenge, die ungefähr ein Fünftel der zu hebenden Flüssigkeitsmenge beträgt, kann durch die Pumpe selbsttätig wieder hochgedrückt werden. Die Pumpe eignet sich besonders auch zur Förderung von Lutterwasser an Destillierapparaten zur Erzeugung von hochprozentigem Sprit. Das Lutterwasser läuft dabei mit 80—90° der Pumpe zu und ist dann 8—10 m hoch zu drücken.

Abb. 1613.
Kolbenlose Membran-
dampfpumpe
(Frühling).

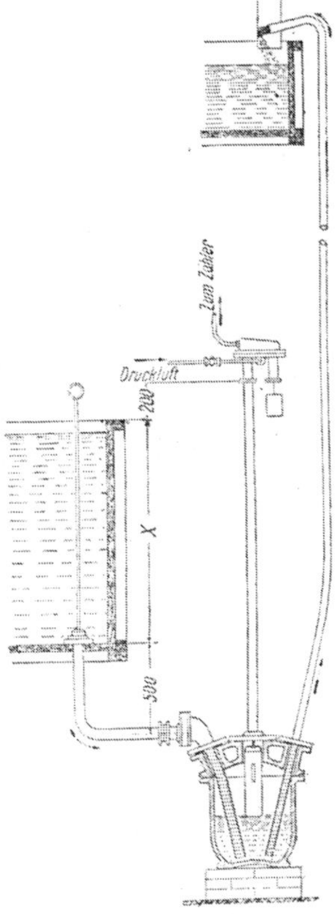

Abb. 1614. Säurepulsometer
(*Kestner*).

Handelt es sich um die Förderung von Säuren, Laugen usw., so verwendet man meist zur Förderung Druckluft. Diese wird selbsttätig durch den Flüssigkeitsstand im Fördergefäß mit Hilfe eines Schwimmers gesteuert. Bei dem auf Abb. 1614 dargestellten *Kestner*-Säurepulsometer erhält der Schwimmer, sobald sich das Druckgefäß mit der durch das Speiseventil aus dem Speisebehälter selbsttätig zufließenden Säure bis zum Rande gefüllt hat, einen plötzlichen Auftrieb, durch den mit Hilfe der Schwimmerstange die Steuerung im Druckverteilungskasten umgeschaltet und das Drucklufteintrittsventil gelüftet wird. Die einströmende Druckluft, deren Spannung nach der zu überwindenden Säuresäule bestimmt wird, tritt durch das Rohr in den Druckkörper und fördert die Säure durch das Steigrohr in den Hochbehälter. Ist fast alle Säure hochgedrückt, so entweicht etwas Druckluft durch das Steigrohr, wodurch ein Druckabfall eintritt. Dadurch fällt der Schwimmer von neuem, schließt das Drucklufteintrittsventil unter gleichzeitiger Öffnung des Druckluftaustrittsventils. Die im Druckkörper vorhandene Luft wird durch die nachströmende Säure verdrängt und entweicht durch den Druckverteilungskasten ins Freie. Die Steuerung befindet sich immer oberhalb des höchsten Säurespiegels des Speisebehälters, so daß die Säure niemals, auch bei einem Stillstand nicht, dorthin gelangen kann.

Die Bauart der Pulsometer für Druckluftbetrieb eignet sich besonders auch zur Herstellung aus keramischen Werkstoffen (s. d., Abschnitt 4). Geräte dieser Art aus Steinzeug bezeichnet man auch als Druckbirnen oder Druckautomaten.

Die Pulsometer zeichnen sich durch geringen Raumbedarf, geringe Ansprüche an Wartung, niedrigen Anschaffungspreis und durch Fehlen von

Schmierstellen aus, so daß die zu fördernde Flüssigkeit sich nicht durch Öle oder Fette verunreinigen kann. Die begrenzte Förderhöhe und, soweit sie mit Dampf betrieben werden, der verhältnismäßig hohe Dampfverbrauch und die Erwärmung der Förderflüssigkeit beschränken oft ihren Anwendungsbereich.

Zur Förderung von Kondenswasser dienen die den Pulsometern in ihrer Wirkungsweise ähnlichen, mit einer Kammer arbeitenden Rückleiter (s. d.).

Thormann.

Pumpen *(s. auch Keramische Werkstoffe [Abschn. 4, S. 835], Mammutpumpen, Pulsometer, Strahlpumpen, Luftpumpen)* arbeiten entweder mit einem hin- und hergehenden Körper, z. B. mit einem Kolben, der die Flüssigkeit in den Pumpenraum einsaugt und wieder verdrängt, oder benutzen die Fliehkraftwirkung, indem ein sich schnell drehendes Schleuderrad die zu fördernde Flüssigkeit unter Druck setzt. Dieser Wirkungsweise entsprechend unterscheidet man Kolben- und Schleuderpumpen.

Alle Pumpen arbeiten in der Weise, daß der äußere Überdruck oder der Druck in dem Behälter, aus dem die Flüssigkeit gefördert werden soll, diese in den Pumpenraum hineindrückt; von dort wird die Flüssigkeit durch Kolben oder Schleuderrad in die Druckleitung gefördert. Der äußere Überdruck hat nicht nur die eintretende Flüssigkeit selbst zu heben, sondern auch alle, infolge der Strömung in der Saugleitung bis in den Pumpenraum auftretenden Widerstände zu überwinden. Dadurch ist, um ein Abreißen der in die Pumpe führenden Flüssigkeitssäule zu verhüten, die Saughöhe für Pumpen, die eine unter dem Druck der Atmosphäre stehende Flüssigkeit ansaugen, auf etwa 4—8 m WS beschränkt. Ist die Flüssigkeit heiß, so wird die höchstmögliche Saughöhe durch die von der jeweiligen Temperatur abhängige Dampfspannung weiter vermindert. Ist die Flüssigkeit so heiß, daß die Dampfspannung dem Druck, der über der anzusaugenden Flüssigkeit herrscht, nahezu gleich ist, so muß diese der Pumpe zulaufen. Ein Ansaugen ist in diesem Fall nicht möglich. Bei der Förderung von Wasser läßt man meist schon von etwa 50° an das Wasser mit Gefälle in die Pumpe laufen. Die Druckhöhe ist nur durch bauliche Anforderungen in gewissen Grenzen nach oben beschränkt. Für die Förderung auf sehr hohe Drücke eignen sich nur die Kolbenpumpen.

Die Eigenschaften der Förderflüssigkeit, insbesondere ihr chemisches Angriffsvermögen, bestimmen entscheidend die Wahl der Werkstoffe für alle Teile, die das Fördergut berührt. Angriffe auf die Werkstoffe zeigen sich in Pumpen, die unter den besonderen Verhältnissen der chemischen Industrie arbeiten, infolge der hohen Strömungsgeschwindigkeiten, die an einzelnen Stellen mit einem unmittelbaren Auftreffen auf Wandungsteile verbunden sind, öfters in größerem Umfang als bei Korrosionsversuchen im Laboratorium oder im Betrieb mit ruhender Flüssigkeit. Sind angreifende Flüssigkeiten zu fördern, so kann oft nur die Erfahrung die Eignung eines Werkstoffs für eine derartige Pumpe entscheiden. Sind erhebliche Temperaturschwankungen nicht vorhanden, so kommen für stark angreifende Flüssigkeiten keramische Werkstoffe (s. d., S. 836) in Betracht. Blei und Gummi werden als Schutzüberzüge für die inneren Pumpenteile oft verwendet, die so geformt und geteilt sein müssen, daß das Aufbringen des Belags in der Werkstätte und die Zugängigkeit im Betrieb keine Schwierigkeiten bereitet. Kleinere Pumpen stellt man auch vollständig aus Hartblei her, wobei die geringe Festigkeit dieses Werkstoffs jedoch große Wandstärken bedingt. Für Pumpen zur Förderung angreifender Flüssigkeiten hat sich Siliziumgußeisen sehr bewährt, es verträgt jedoch keinen großen Temperaturwechsel und läßt sich nur durch Schleifen bearbeiten. Ähnlich wie die Pumpen aus keramischen Werkstoffen gestaltet man die Pumpen aus Siliziumgußeisen so, daß der Werkstoff möglichst nur Druckspannungen erhält und besondere Gestelle oder entsprechende Teile aus Stahl oder Gußeisen die Zugspannungen aufnehmen. Die Emaillierung hat sich im Pumpenbau wegen der oft verwickelten Formen, die an vielen Stellen kleine Krümmungshalbmesser erfordern, wenig eingeführt. Die Kunststoffe, die sich durch eine günstige Widerstandsfestigkeit gegen chemische Angriffe auszeichnen, ergeben im Pumpenbau einige Schwierigkeiten, da sich die einzelnen Teile nur durch Pressen in Formen, was sehr große Serien voraussetzt, oder durch Herausarbeiten aus dem vollen Werkstoff herstellen lassen. Sind die korrosionsfesten Werkstoffe teuer oder haben sie ungünstige Festigkeitseigenschaften, so führt man nur die Teile aus ihnen aus, die mit den angreifenden Flüsssigkeiten in Berührung kommen.

Da im Pumpenbau stets eine mechanische Bewegung von außen in den Flüssigkeitsraum zu übertragen ist, sind mindestens an einer Stelle Gleit- und Dichtflächen erforderlich, die leicht zu Störungen im Betrieb durch Austreten von Förderflüssigkeit Anlaß geben können. Man führt daher diese Flächen möglichst klein aus, stellt sie aus besonders beständigen Werkstoffen her und gestaltet sie so, daß die Teile leicht auswechselbar sind. Zur Dichtung des Spaltes zwischen dem angetriebenen Pumpenteil und dem Pumpenkörper dient in der Regel eine Stopfbüchse, die mit einer mehr oder weniger elastischen Packung aus Gummi, gummiertem Gewebe, Asbest, Metalldraht, Graphit, Kohle usw. den Zwischenraum schließt. Für schwierige Betriebsverhältnisse führt man auch Doppelstopfbüchsen aus, indem man vor die innere Stopfbüchse eine zweite Stopfbüchse vorsetzt und die aus dem inneren Spalt noch austretende Flüssigkeit in den Vorratsbehälter ableitet. Bei der Förderung stark angreifender Flüssigkeiten wird bisweilen in einen Stopfbüchsenvorraum eine die Förderflüssigkeit neutralisierende Lösung zugesetzt. Einzelne Sonderbauarten, von denen die wichtigsten im folgenden erwähnt sind, kommen ohne Stopfbüchse aus oder entlasten diese mehr oder weniger weitgehend.

Die zum Betrieb der Pumpe erforderliche Antriebsleistung ergibt sich, wenn Q die Leistung in l/sek, H die Förderhöhe in m und γ das spezifische Gewicht der Flüssigkeit ist, aus der Beziehung:

$$N = \frac{Q\gamma H}{75\,\eta}.$$

Hierbei liegt der Wirkungsgrad η im allgemeinen zwischen 0,5 und 0,8. Die höheren Werte gelten für Kolben-, die niedrigeren für Kreiselpumpen. Für kleinere Pumpen ist der Wirkungsgrad niedriger als für größere.

Die Wirkungsweise der Kolbenpumpen bedingt die Verwendung von Ventilen, und zwar von mindestens je einem Saug- und einem Druckventil, durch deren Spalte die Flüssigkeit mit einer Geschwindigkeit von 1—3 m/sek strömt. Vielfach wird auch eine größere Zahl von Ventilen in einer Platte vereinigt. Die Ventile werden in der Regel durch eine Feder belastet. Für reine und dünne Flüssigkeiten werden meist Tellerventile, für dicke und verunreinigte Flüssigkeiten Kegel- und Kugelventile ausgeführt. Der ruhige Gang der Ventile ist von der Drehzahl abhängig. Schlagen der Ventile kann durch Vergrößerung der Ventilbelastung vermindert werden. Die Ventile schließen immer erst, nachdem der Kolben umgekehrt ist. Die zulässige Hubhöhe der Ventile ist um so geringer, je schneller die Pumpe läuft, so daß die Ventile schnellaufender Pumpen bei gleicher Pumpenleistung größer ausgeführt werden müssen als die von langsam gehenden Pumpen. Die Saugventile können durch Anordnung von Schlitzen entbehrlich gemacht werden, die von dem Kolben kurz vor Erreichung der Totlage freigelegt werden.

Je nachdem ob beide Seiten des Kolbens zur Flüssigkeitsförderung verwendet werden, sich also auf jeder Seite des Pumpenzylinders Saug- und Druckventile befinden, unterscheidet man doppel- oder einfachwirkende Pumpen. Größere Kolbenpumpen, besonders solche zur Förderung von Wasser, werden meist doppelwirkend in liegender Anordnung, kleine Pumpen meist einfachwirkend in stehender Anordnung gebaut. Um bei Doppelpumpen ein Saug- und Druckventil zu ersparen, und dabei gleiche Druckverteilung bei Hin- und Rückgang zu erzielen, wird bei den sog. Differentialpumpen der Druckraum der einen Seite durch ein Rohr mit der anderen Kolbenseite verbunden und so eine gleichmäßige Förderung der Flüssigkeit bewirkt.

Die hin und her gehende Bewegung des Kolbens oder des entsprechenden, die Flüssigkeit verdrängenden Körpers (Plungers, Tauchkolbens) wird entweder durch einen Kurbeltrieb erzeugt, wobei ein auf die Kurbelwelle gesetztes Schwungrad für die notwendige Gleichförmigkeit sorgt, oder durch einen unmittelbar auf die Kolbenstange gesetzten zweiten Kolben, der sich in einem mit gespanntem Dampf betriebenen Zylinder bewegt (Dampfpumpen). Man unterscheidet demnach: Schwungrad- und schwungradlose Pumpen.

Die schwungradlosen Pumpen kann man auf jede Hubzahl einstellen. Den Schwungradpumpen können Absperrorgane in der Druckleitung, falls diese versehentlich geschlossen werden, gefährlich werden; man sieht daher an Pumpenkörpern bei größeren Ausführungen dieser Bauart meist Sicherheitsventile vor.

Die Bewegung des Kolbens bedingt hohe Beschleunigungen, die sich auf die ganzen Flüssigkeitssäulen in Saug- und Druckleitung übertragen würden. Um die zu beschleunigenden Flüssigkeitsmengen so gering wie möglich zu halten, ordnet man vor den Ventilen möglichst dicht am Pumpenzylinder Windkessel an, die die Geschwindigkeitsschwankungen in Saug- und Druckleitung ausgleichen. Die Anordnung von Windkesseln ist um so notwendiger, je schneller die Pumpe läuft und je größer ihr Hub ist. Der Rauminhalt des Saugwindkessels beträgt ungefähr das Fünf- bis Zehnfache des Hubraums, der des Druckwindkessels das Sechs- bis Zwölffache des Hubraums, und zwar müssen die Windkessel um so größer ausgeführt werden, je länger die angeschlossenen Leitungen sind. — Um die Flüssigkeitsbewegung in den Leitungen möglichst gleichmäßig zu gestalten, kann man auch mehrere Pumpen mit versetzten Kurbeln auf einer gemeinsamen Welle antreiben.

Vielfach ist es nicht erwünscht, daß die zu fördernde Flüssigkeit mit dem Kolben und dessen Stopfbüchse in Berührung kommt. Man vermeidet dieses durch Anwendung einer Membrane oder einer Sperrflüssigkeit im Pumpenraum, deren Flüssigkeitsspiegel entsprechend dem Kolbenhub sich hebt und senkt.

Springer-Verlag Berlin Heidelberg GmbH

Korrosionen an Eisen und Nichteisenmetallen. Betriebserfahrungen in elektrischen Kraftwerken und auf Schiffen. Von Oberingenieur i. R. **August Siegel** VDI, Berlin. Mit 112 Abbildungen auf 22 Tafeln. V, 86 Seiten. 1938. RM 19.50; gebunden RM 21.60

Rostschutz und Rostschutzanstrich. Von Professor **Hermann Suida,** Wien, und Privatdozent **Heinr. Salvaterra,** Wien. (Technisch-gewerbliche Bücher, Band 6.) Mit 193 Abbildungen im Text. VI, 344 Seiten. 1931. (Verlag von Julius Springer - Wien.) Gebunden RM 24.—

Der Einfluß eines geringen Kupferzusatzes auf den Korrosionswiderstand von Baustahl. Von Professor Dr.-Ing. e. h. **O. Bauer,** Professor Dr. **O. Vogel** und Dr. **C. Holthaus.** (Mitteilungen der deutschen Materialprüfungsanstalten, Sonderheft XI.) Mit 44 Abbildungen. 25 Seiten. 1930. RM 6.48

Korrosionstabellen metallischer Werkstoffe geordnet nach angreifenden Stoffen. Von Dr. Ing. **Franz Ritter** VDI. V, 193 Seiten. 1937. (Verlag von Julius Springer - Wien.) Gebunden RM 19.80

Oberflächenschutz. Fachvorträge und Aussprache der Oberflächenschutztagung an der Montanistischen Hochschule in Leoben, 7.—9. Mai 1936. (Berg- und Hüttenmännisches Jahrbuch der Montanistischen Hochschule in Leoben, Band 84, Heft 2.) Mit 61 Abbildungen und 15 Tabellen. 64 Seiten. 1936. (Verlag von Julius Springer - Wien.) RM 8.—

Technische Oberflächenkunde. Feingestalt und Eigenschaften von Grenzflächen technischer Körper, insbesondere der Maschinenteile. Von Professor Dr.-Ing. Dr. med. h. c. **Gustav Schmaltz,** Inhaber der Maschinenfabrik Gebr. Schmaltz, Offenbach a. M. Mit 395 Abbildungen im Text und auf 32 Tafeln, einem Stereoskopbild und einer Ausschlagtafel. XVI, 286 Seiten. 1936. RM 43.50; gebunden RM 45.60

Ausgewählte chemische Untersuchungsmethoden für die Stahl- und Eisenindustrie. Von Chem.-Ing. **Otto Niezoldi,** Vorsteher des chemischen, metallographischen und röntgenographischen Laboratoriums der Firma Rheinmetall-Borsig A.-G., Werk Borsig, Berlin-Tegel. VI, 152 Seiten. 1936. RM 5.70

Die praktische Werkstoffabnahme in der Metallindustrie. Von Dr. phil. **Ernst Damerow,** Vorsteher der Werkstoffprüfung der A. Borsig Maschinenbau - A. G., Berlin-Tegel. Mit 280 Textabbildungen und 9 Tafeln. VI, 207 Seiten. 1935. RM 16.50; gebunden RM 18.—

Hilfsbuch für die praktische Werkstoffabnahme in der Metallindustrie. Von Dr. phil. **E. Damerow** und Dipl.-Ing. **A. Herr,** Berlin-Tegel. Mit 38 Abbildungen und 42 Zahlentafeln. IV, 80 Seiten. 1936. RM 9.60